电气专业系列培训教材

电气设备及主系统

主　编　张祥宇　王　琦　刘丽娜

参　编　闫　悦　栗　林　何鹏飞

　　　　马持恒　赵　馨

中国电力出版社

CHINA ELECTRIC POWER PRESS

内 容 提 要

本书为衡真教育集团组织编写的系列图书之一，内容包括电气设备的类型及原理、电气主接线的形式、特点及倒闸操作、限制短路电流的方法、电气设备的选择、配电装置的类型及特点、变压器的运行分析、多绕组变压器、自耦变压器及同步发电机的运行分析七个章节。

本书主要作为相关考试参考教材，也可作为电气工程及其自动化、电力工程、能源工程等电工类专业的教材，同时还可供从事发电厂和变电站电气设计、运行、管理工作的工程技术人员参考。

图书在版编目（CIP）数据

电气设备及主系统/张祥宇主编．—北京：中国电力出版社，2024.6（2025.10 重印）
ISBN 978－7－5198－8967－8

Ⅰ．TM

中国国家版本馆 CIP 数据核字第 2024XK2266 号

出版发行：中国电力出版社
地　　址：北京市东城区北京站西街 19 号（邮政编码 100005）
网　　址：http://www.cepp.sgcc.com.cn
责任编辑：罗晓莉（010－63412547）
责任校对：黄　蓓　李　楠
装帧设计：赵姗姗
责任印制：吴　迪

印　　刷：北京雁林吉兆印刷有限公司
版　　次：2024 年 6 月第一版
印　　次：2025 年 10 月北京第五次印刷
开　　本：787 毫米×1092 毫米　16 开本
印　　张：10
字　　数：248 千字
定　　价：45.00 元

编委会

前言

　　电气工程及其自动化专业是强电（电为能量载体）与弱电（电为信息载体）相结合的专业，要求掌握电机学、电力电子技术、电力系统基础、高电压技术、供配电与用电技术等核心内容。 为了帮助学生高效完成专业学习，衡真教育集团组织编写了《电机学》《电力系统分析》《继电保护原理》《高电压技术》《电路原理》《电力电子技术》《电气设备及主系统》和《现代电力系统分析》八种教材。

　　本系列教材旨在帮助读者梳理相关课程知识点，进一步提升理论知识水平。 希望本系列教材能为电气工程及其自动化领域的学习者提供基础理论与核心知识，助力读者夯实基础，通晓理论。

　　本系列教材具有如下特点：

　　（1）内容全面，精准对接电气专业课程需求，涵盖必备学科知识，并融入相关考试要点，助力学习与考前冲刺。

　　（2）指导性强，在内容安排上针对专业学习和相关考试内容进行精挑细选，确保紧扣专业核心知识。 紧跟行业动态，随相关考试大纲变动更新教材内容，确保教材教学内容始终与时俱进。

　　（3）注重互动性，包含精选习题、笔记区等互动元素，调动读者积极思考所学知识，辅助读者更好理解和掌握知识框架，供读者进行自我检测，加深知识理解程度实现知识点汇总，提供不同层次的互动体验。 配合衡真教育集团的在线题库系统可巩固所学知识，感兴趣的读者可以前往练习。

　　（4）注重可读性，语言文字表达清晰，图表插图辅助说明，使得复杂的概念易于理解，提高读者的阅读兴趣。

　　（5）逻辑性强，按照由浅入深、由易到难的原则编写，清晰地解释各个知识点之间的关联，内容组织严谨，逻辑清晰，有助于读者建立完整的知识体系，形成对知识的整体把握。

　　本书内容分为七章，第 1 章介绍了发电厂和变电站的分类，高压断路器及其控制回路、隔离开关、互感器的工作原理。 第 2 章介绍了电气主接线的形式、特点及倒闸操作，主变压器的选择，互感器的配置原则，在电气设备上工作保障安全的组织措施和技术措施，以及人身触电及其防护。 第 3 章介绍了限制短路电流的方法。 第 4 章介绍了电气设备的一般选择条件，以及断路器、互感器等一次设备的选择方法。 第 5 章介绍了配电装置的最小安全净距、分类及特点。 第 6 章介绍了变压器发热、过负荷及并列运行的条件。 第 7 章介绍了多绕组变压器和自耦变压器的运行特性。 本书不仅涵盖了传统发电厂和变电站的电气部分，还适度包括了新能源发电领域的新进展。

在本书的编写过程中，我们获得了衡真教研组全体教师的鼎力支持，并且广泛借鉴了国内外多部电气工程领域的教材与专著。在此，我们向所有为本书贡献智慧和心血的老师们表达深深的谢意。

教材虽成，然仍存不足，受限于编者之水平与时间，或有疏漏，恳请读者不吝赐教，指正本教材的不足之处。我们深知学术之路永无止境，愿与读者携手共进，不断修正、完善。

编　者

2024 年 4 月

目录

第1章

电气设备的类型及原理

1.1 发电厂类型 专科 B 类考点

1.1.1 电能与发电厂

电能是由一次能源经加工转换而成的能源，属于二次能源，其特点如下：

（1）可大规模生产和远距离输送。

（2）方便转换和易于控制。

（3）损耗小。

（4）效率高。

（5）在使用时没有污染，噪声小。

将各种一次能源转变成电能的工厂，称为发电厂。按一次能源的不同发电厂分为火力发电厂、水力发电厂、核能发电厂、风力发电厂、地热发电厂、太阳能发电厂、潮汐发电厂等。

1.1.2 火力发电厂

利用煤炭、石油、天然气作为燃料生产电能的工厂，其能量的转换过程为燃料的化学能→热能→机械能→电能。

1. 火电厂分类

（1）按原动机分：凝汽式汽轮机发电厂、燃气轮机发电厂、内燃机发电厂、蒸汽—燃气轮机发电厂。

（2）按燃料分：燃煤发电厂、燃油发电厂、燃气发电厂、余热发电厂。此外还有利用垃圾及工业废料作为燃料的发电厂。

（3）按蒸汽压力和温度分：①中低压发电厂，蒸汽压力 3.92MPa、温度 450℃，单机功率＜25MW；②高压发电厂，蒸汽压力 9.9MPa、温度 540℃，单机功率＜100MW；③超高压发电厂，蒸汽压力 13.83MPa、温度 540℃，单机功率≤200MW；④亚临界压力发电厂，蒸汽压力 16.77MPa、温度 540℃，单机功率≥300MW；⑤超临界压力发电厂，蒸汽压力大于 22.11MPa、温度 550℃，机组功率≥600MW；⑥超超临界压力发电厂，蒸汽压力为 26.25MPa、温度为 600℃，机组功率为≥1000MW。

（4）按输出能源形式分：①凝汽式发电厂，只向外供应电能的发电厂，其效率较低，只有 30％～40％；②热电厂，同时向外供应电能和热能的电厂，其效率较高，可达 60％～70％。

2. 火电厂电能生产过程

火电厂燃料主要是煤炭，主力电厂是凝汽式汽轮机发电厂。

（1）燃烧系统：燃料的化学能在锅炉燃烧中转变为热能，加热锅炉中的水使之变为蒸汽，称为燃烧系统。由运煤、磨煤、锅炉与燃烧、风烟、灰渣系统等组成。

（2）汽水系统：锅炉产生的蒸汽进入汽轮机，冲动汽轮机的转子旋转，将热能转变为机械能，称为汽水系统。由锅炉、汽轮机、凝汽器、除氧器、加热器等设备及管道构成。包括给水系统、循环水系统补充给水系统。

（3）电气系统：由汽轮机转子旋转的机械能带动发电机旋转，把机械能变为电能，称为电气系统。由发电机、励磁装置、厂用电系统和升压变电站等组成。

3. 火电厂的特点

（1）布局灵活，装机容量的大小可按需要决定。

（2）一次性建造投资少，单位容量投资仅为同容量水电厂的一半左右。

（3）耗煤量大，生产成本比水力发电要高出 3～4 倍。

（4）动力设备繁多，控制操作复杂，厂用电量和运行人员都多于水电厂，运行费用高。

（5）燃煤发电机组由停机到开机并带满负荷需要几小时到十几小时，并附加耗用大量燃料。

（6）担负调峰、调频或事故备用时，相应事故增多，强迫停运率增高，厂用电率增高。从经济性和供电可靠性考虑，火电厂应当尽可能担负较均匀的负荷。

（7）火电厂的各种排放物（如烟气、灰渣和废水）对环境的污染较大。

4. 火电厂对环境的影响

主要包括烟气、废水和灰渣的排放。

（1）烟气：粉尘通过除尘器除尘、硫氧化物采用烟气脱硫技术或在燃烧过程中加入石灰石等碱性吸收剂来处理。

（2）废水：主要是通过废水处理系统加以净化或回收再利用。

（3）粉煤灰：水泥原料、水泥混合材料、建筑制品、大型水利枢纽工程等。

（4）炉渣：主要用于墙体材料、轻质混凝土、铺路等。

1.1.3　水力发电厂

水力发电厂是把水的位能和动能转变成电能。其电能生产过程如下：

从河流较高处或水库引水，利用水的压力或流速冲动水轮机旋转，将水能转变为机械能，然后由水轮机带动发电机旋转，将机械能转变成电能。

水电厂发电容量取决于水流的水位落差和水流的流量。

1. 水电厂分类

（1）按集中落差的方式分类。

图 1-1　坝后式水电站

1）堤坝式水电厂。在河流中落差较大的适宜地段拦河建坝，形成水库，将水积蓄起来，抬高上游水位，形成发电水头。分为坝后式水电站和河床式水电站。

①坝后式水电站。如图 1-1 所示，厂房建在拦河坝非溢流坝段的后面，不承受水的压力，水经压力水管进入水轮机蜗壳，冲

动水轮机转子，水轮机带动发电机转动发出电能。适合于高、中水头的情况。

②河床式水电站。如图1-2所示，厂房和挡水堤坝联成一体，厂房承受水的压力，修建在河床中，故名河床式水电站。水头一般在20～30m以下。

2）引水式水电厂。如图1-3所示，建筑在水流湍急的河道上，或河床坡度较陡的地方，由引水渠道形成水头，而且一般不需修坝或只修低堰。

图1-2 河床式水电站

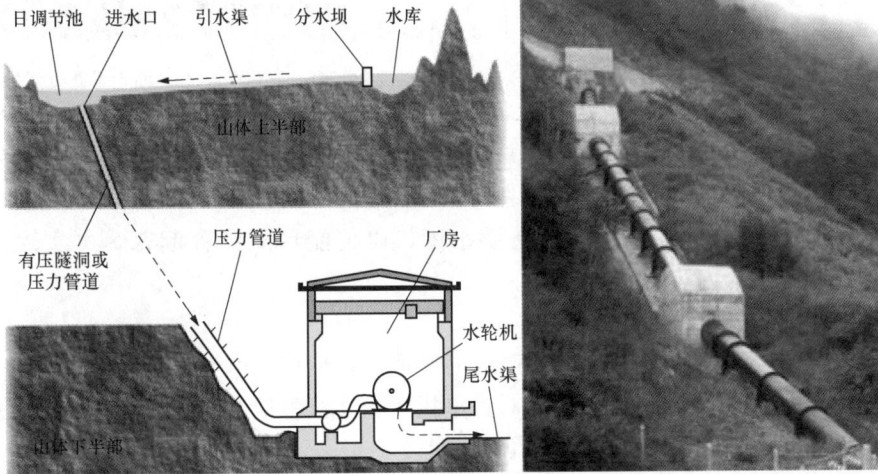

图1-3 引水式水电厂

图1-4 混合式水电厂

3）混合式水电厂。如图1-4所示。在适宜开发的河段拦河筑坝，坝上游河段的落差由坝集中，坝下游河段的落差由有压力引水道集中，而水电厂的水头则由这两部分落差共同形成，这种集中落差的方式称为混合开发模式，兼有堤坝式和引水式两种水电厂的特点。

4）抽水蓄能电厂。如图1-5所示。抽水蓄能电厂在电力负荷低谷时（或丰水时期），利用电力系统富裕的电能，将下游水库中的水抽到上游水库，以位能形式储存起来；待到电力系统负荷高峰时（或枯水时期），再将上游水库中的水放出来，驱动水轮发电机组发电，并送往系统。抽水蓄能电厂既是一个吸收低谷电能的电力用户（抽水工况），又是一个提供峰荷电力的发电厂（发电工况）。

在电力系统中的作用：

①调峰。能够跟踪负荷的变化，在白天适合担任电力系统峰荷中的尖峰部分。

②填谷。在夜间电力系统低谷负荷时，利用系统富裕电能抽水，使火电机组不必降低输

出功率（或停机）和保持在热效率较高的区间运行，从而节省燃料，并提高电力系统运行的稳定性。

③事故备用。抽水蓄能机组启动灵活、迅速。从停机状态启动至带满负荷仅需 1～2min，而由抽水工况转到发电工况也只需 3～4min，因此抽水蓄能电厂宜于作为电力系统事故备用。

④调频。当电力系统频率偏离正常值时，它能立即调整输出功率，使频率维持在正常值范围内。

⑤调相。在没有发电和抽水任务时可用来调相。抽水蓄能电厂距离负荷中心较近，控制操作方便，对改善系统电压质量十分有利。

⑥黑启动。可作为黑启动电源，无需外来电源

图 1-5　抽水蓄能电厂

支持，能迅速自动完成机组的自启动，并向部分电力系统供电，带动其他发电厂没有自启动能力的机组启动。

⑦蓄能。将下游水库中的水抽到上游水库，以位能形式储存起来，可实现大规模的蓄能。

抽水蓄能电厂的效益如下：

①容量效益。在电力系统负荷出现高峰时，能有效地担负电力系统的工作容量（主要是尖峰容量）和备用容量，减少电力系统对火电机组的装机容量要求，从而实现节省火电设备的投资和运行费用，由此产生的效益为容量效益。

②节能效益。通过调峰填谷作用的发挥，可以减少水电厂调峰的弃水电量，可以改善火电厂燃煤机组的运行条件，保持这些燃煤机组在额定输出功率下稳定运行，提高燃煤机组发电设备利用小时数，降低煤耗率，从而实现提高运行效率和节约运行费，包括燃料费用和机组启停费用。

③环保效益。燃煤电厂（含硫大于 1％）必须安装脱硫装置。国产脱硫设备成本为300～500 元/kW。建设抽水蓄能电厂可节省脱硫设备投资成本。

④动态效益。上述的容量效益、节能效益和环保效益，均为抽水蓄能电厂的静态效益。其动态效益可归纳为调频、调相、快速负荷跟踪、事故备用、提高供电可靠性和黑启动等方面。

⑤提高火电设备利用率。以抽水蓄能电厂替代电力系统中的热力机组调峰，或者使大型热力机组不压负荷或少压负荷运行，均可减少热力机组频繁启、停机所导致的设备磨损，减少设备故障率，从而提高热力机组的设备利用率和使用寿命。

⑥对环境没有污染且可美化环境。

（2）按径流调节的程度分类。

1）无调节水电厂。

2）有调节水电厂：日调节水电厂、年调节水电厂、多年调节水电厂。

2. 水电厂的特点

（1）水能是可再生能源。

（2）清洁的电力生产，不排放有害气体、烟尘和灰渣。

（3）水力发电的效率高，效率在 80％以上。

（4）可同时完成一次能源开发和二次能源转换。

（5）水力发电的生产成本低廉。

（6）运行灵活，适合系统调峰、调频和事故备用。

（7）水力发电开发投资大，工期长。

（8）受河流地形、水量及季节气象条件限制，发电量也相应制约，有丰水期和枯水期之别，发电不均衡。

（9）可综合利用水能资源，除发电以外，还有防洪、灌溉、航运等多方面效益。

（10）水库淹没损失较大，移民较多；影响野生动植物生存环境。水库调节径流，改变原有水文情况，对生态环境有一定影响。

（11）远离用电中心，施工条件较困难并需要建设较长的输电线路，增加了造价和输电损失。

1.1.4 核电厂

我国自行设计建设的第一座核电厂——浙江秦山核电厂（1×30 万 kW）于 1991 年并网发电，广东大亚湾核电厂（2×90 万 kW）于 1994 年建成投产。

核电厂是利用反应堆中核燃料裂变链式反应所产生的热能，再按火电厂的发电方式将热能转换为机械能，再转换为电能。核反应堆相当于火电厂的锅炉。

1. 核电厂分类

（1）压水堆核电厂。压水堆核电厂在核电厂中占主导地位。反应堆体积小、建设周期短、造价较低；一回路系统和二回路系统分开，运行维护方便。

（2）沸水堆核电厂。与压水堆核电厂相比，省去了蒸汽发生器，但有将放射性物质带入汽轮机的危险。

2. 核电厂系统组成

（1）核岛的核蒸汽供应系统。

（2）核岛的辅助系统。

（3）常规岛的系统。

3. 核电厂特点

（1）压水堆核电厂的反应堆，反应堆堆芯需一次装料，并定期停堆换料。

（2）反应堆的堆芯内，核燃料发生裂变反应释放核能的同时，也放出瞬发中子和瞬发射线。

（3）反应堆在停闭后，运行过程中积累起来的裂变碎片和衰变，将继续使堆芯产生余热。

（4）核电厂在运行过程中，会产生气态、液态和固态的放射性废物。

（5）与火电厂相比，核电厂的建设费用高，但燃料费用较低。

1.1.5 新能源发电厂

1. 太阳能发电

太阳能是各种可再生能源中最重要的基本能源。生物质能、风能、海洋能、水能等都来自太阳能。

（1）太阳能热发电。如图 1-6 所示为塔式太阳能热发电系统。由聚光集热装置、中间热交换器、储热系统、热机与发电机系统组成。

除此之外还有抛物面槽式太阳能热发电系统和碟式太阳能热发电系统等。

（2）太阳能光发电。利用太阳能电池将太阳光能直接转化为电能。当阳光照射到太阳能电池上时，电池吸收光能产生电子——空穴对，从而产生光生电压，太阳能光伏发电系统如图 1-7 所示。

图 1-6　塔式太阳能热发电系统

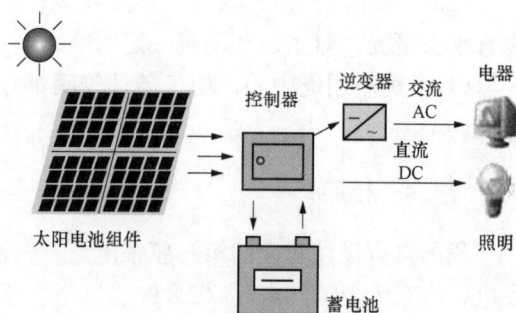

图 1-7　太阳能光伏发电系统

光伏发电系统组成。

1）电池组件：是太阳能发电系统中的核心部分，作用是将太阳的辐射能力转换为电能。

2）控制器：是控制整个系统的工作状态，并对蓄电池起到过充电保护、过放电保护的作用。

3）蓄电池：一般为铅酸电池，光照时将太阳能电池板所发出的电能储存起来，到需要的时候再释放出来。

4）逆变器：将发出的直流电转换成交流电。

2. 风力发电

风力发电是把风的动能转变成机械能，再把机械能转化为电能，风力发电系统如图 1-8 所示。

图 1-8　风力发电系统

（1）风力发电系统组成。

1）风轮：把风的动能转变为机械能的重要部件，它由两只（或更多只）螺旋桨形的叶轮组成。

2）铁塔：支承风轮和发电机的构架。

3）发电机：把由风轮得到的恒定转速，升速传递给发电机构均匀运转，把机械能转变为电能。

（2）风力发电的特点。

1）是可再生能源，不存在资源枯竭。

2）是清洁的电能生产方式，不会造成空气污染。

3）风力发电机组建设工期短。

4）运行简单，可完全做到无人值守。

5）实际占地少。

6）偏远地区地广、人稀、风力资源丰富，风力发电独立运行方式便于解决其供电问题。

7）风能具有间歇性，风力发电必须和其他形式供能或储能方式结合。

8）风能的能量密度低，相同单机容量的风力发电设备体积大、造价高，最大单机容量受到限制。

9）风力发电机组运转时发出噪声会对电视机与收音机的接收会造成干扰，对环境有一定影响。

1.2 变电站类型 专科 A 类考点

变电站是联系发电厂和用户的中间环节，起着变换和分配电能的作用。从发电厂送出的电能一般经过升压远距离输送，再经过多次降压后用户才能使用，电力系统中的变电站的数量多于发电厂，系统变压器的容量约是发电容量的 7～10 倍，电力系统原理接线如图 1-9 所示。

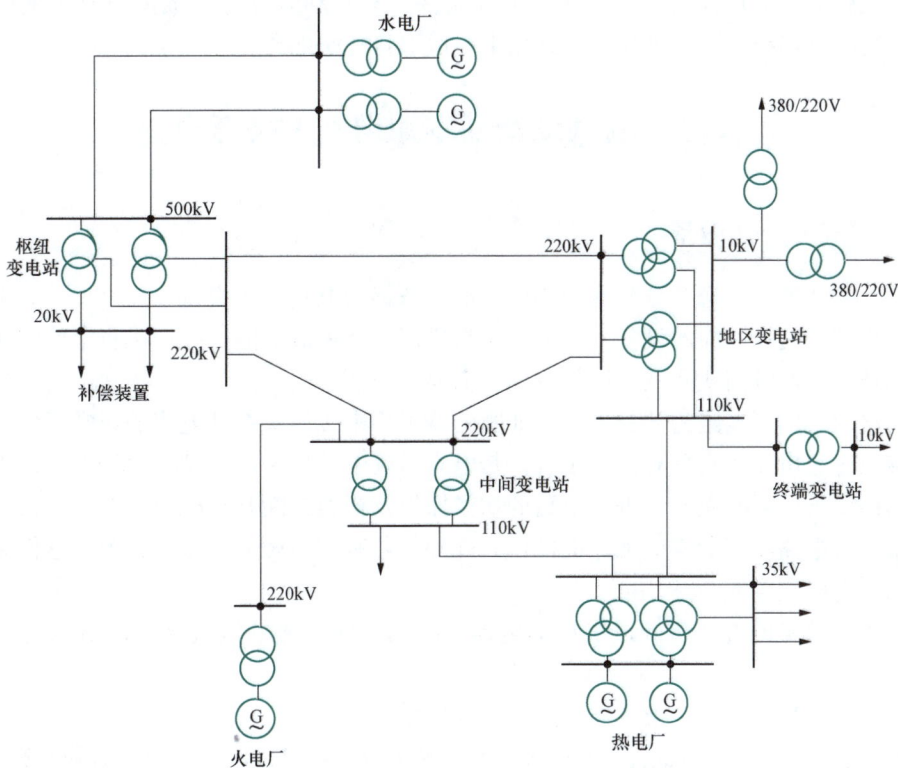

图 1-9 电力系统原理接线图

1. 枢纽变电站

位于电力系统的枢纽点，汇集多个电源和多回联络线，电压等级一般为 330kV 及以上。

发生全所停电事故，将引起系统解列，甚至系统崩溃。

2. 中间变电站

3. 地区变电站

主要任务是给地区的用户供电，它是一个地区或城市的主要变电站，电压等级一般为 $110\sim220\mathrm{kV}$。全所停电只影响本地区或城市的用电。

4. 终端变电站

在输电线路的终端，接近负荷点，高压侧电压多为 110kV，经降压后直接向用户供电。全所停电后，只是用户受到损失。

5. 开关站（开闭所）

为提高输电线路运行稳定性和便于分配电能，而在线路中间设置的由母线、断路器、隔离开关、互感器、无功补偿装置和相应的控制保护和自动装置等组成的没有主变压器的设施，无主变、进出线电压等级相同，站用电一般取自外来电源。

1.3　电气设备基本知识　A类考点

1.3.1　电气一次设备

将生产、变换、输送、分配和使用电能的设备称为电气一次设备。

（1）生产和变换电能的设备。如发电机将机械能转换成电能，电动机将电能转换成机械能，变压器将电压升高或降低以满足输配电需要。

（2）接通或断开电路的开关电器。如断路器可用来接通或断开电路的正常工作电流、过负荷电流或短路电流，它配有灭弧装置，是电力系统中最重要的控制和保护电器。隔离开关用来在检修设备时隔离电压，进行电路的切换操作及接通或断开小电流电路，它没有灭弧装置，一般只有电路断开的情况下才能操作。此外，还有负荷开关、熔断器等，它们用于正常或事故时将电路闭合或断开。

（3）限制故障电流和防御过电压的电器。限制短路电流的电抗器和防御过电压的避雷器等。

（4）载流导体。母线、裸导体、架空线、电缆等。

（5）互感器。包括电压互感器（TV）和电流互感器（TA）。电压互感器将交流高压变成低压（100V 或 $100/\sqrt{3}\mathrm{V}$），供电给测量仪表和继电保护装置的电压线圈。电流互感器将交流大电流变成小电流（5A 或 1A），供电给测量仪表和继电保护装置的电流线圈。

（6）无功补偿设备。调相机、并联电容器、串联电容器、并联电抗器、静止无功补偿器 SVC、静止无功发生器 SVG、静止同步补偿器 STATCOM 等，用来补偿电力系统的无功功率，以降低有功损耗和维持系统的稳定性。

（7）接地装置。包括电力系统中性点的工作接地、防雷接地、保护接地、保护接零等，均需同埋入地中的接地装置相连接。

（8）绝缘子、套管。用来支持和固定载流导体，并使载流导体与地绝缘，或使装置中不同电位的载流导体间绝缘。

（9）中性点设备。消弧线圈、接地电阻、接地变压器等。

1.3.2　电气二次设备

对一次设备和系统进行测量、控制、监视和保护的设备，称为电气二次设备。

（1）测量表计。如电压表、电流表、功率表、电能表、频率表等，用于测量电路中的电气参数。

（2）继电保护、自动装置及远动装置。能迅速反应系统不正常情况或故障情况，进行监控和调节或作用于断路器跳闸将故障切除。

（3）直流电源设备。包括直流发电机组、蓄电池组和整流装置等，供给控制、保护用的直流电源和厂用直流负荷、事故照明等。

（4）操作电器、信号设备及控制电缆。如各种类型的操作把手、按钮等操作电器，用于实现对电路的操作控制；信号设备给出信号或显示运行状态标志；控制电缆用于连接二次设备。

（5）绝缘监察装置。用来监察交、直流系统的绝缘状况。

1.4　高压断路器　A类考点

1.4.1　开关电器的电弧理论

电弧是一种气体游离放电现象，当用开关电器切断电路，开断电源电压（触头间电压）大于 $10\sim20V$，电流大于 $80\sim100mA$ 的电路时，就会发生电弧。

电弧组成：阴极区、阳极区和弧柱区。

电弧特点：电弧是一种自持放电现象，电弧一旦形成，维持其稳定燃烧电压很低，电弧能量集中、温度高、亮度强，电弧是良导体。

电弧危害：烧毁触头、延长故障切除时间、误拉隔离开关会造成相间短路和人身伤亡。

电弧利用：电弧焊接机、电弧炼钢炉等。

1. 电弧的形成和弧隙中介质的游离过程

电弧形成与维持的三个阶段过程：电子发射，碰撞游离，热游离。

（1）电子发射：在触头分离的最初瞬间，触头电极的阴极区发射电子对电弧过程起决定性作用。

热电子发射：触头分离瞬间，接触电阻突然加大而产生的高温及电弧燃烧，使阴极表面出现强烈的炽热点，使阴极的金属材料内的大量电子不断逸出金属表面。

强电场发射：触头刚分开时，触头间距离很小，电场强度高。当电场强度超过 3×10^6 V/m 时，阴极表面的电子就会被电场力拉出而形成触头空间的自由电子。

强电场发射是在弧隙间最初产生电子的主要原因。

（2）碰撞游离：自由电子在强电场的作用下，向阳极方向运动，不断地与其他粒子发生碰撞，将中性粒子游离成正离子和自由电子，新产生的电子向阳极加速运动，继续碰撞中性质点，产生游离。碰撞游离过程示意图如图 1-10 所示。

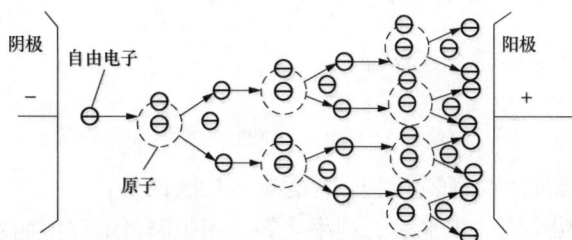

电弧的形成主要是碰撞游离所致。

（3）热游离：由于弧隙的温度升高，具有足够动能的中性质点不规则热运动速度增加，互相碰撞游离出电子和正离子的现象。

维持电弧燃烧所需的游离过程是热游离。

图 1-10　碰撞游离过程示意图

2. 电弧间隙的去游离

带电质点减少的过程，称为去游离，与游离过程同时发生。

（1）复合：正离子和负离子互相吸引，结合成中性质点的过程（正离子和负离子直接复合的概率很低，多借助于中性质点完成复合）。

（2）扩散：带电质点从电弧内部逸出而进入周围介质中的现象。

浓度扩散：带电质点由浓度高的弧道向浓度低的弧道周围扩散，使弧道中的带电质点减少。

温度扩散：弧道中的高温带电质点将向温度低的周围介质中扩散。

若游离大于去游离，将会使电弧愈加强烈地燃烧。反之，将会使电弧燃烧减弱，以致最终熄灭。

（3）影响去游离的因素。

电弧温度：降低电弧温度可削弱热游离，减少新的带电质点的产生、减少带电质点的运动速度，增强带电质点的复合。可通过快速拉长电弧、用气体或油吹动电弧、使电弧与固体介质表面接触等，均可降低电弧的温度。

介质特性：采用导热系数大、热容量大、介电强度高的灭弧介质，去游离过程越强，电弧越容易熄灭。

灭弧室压力：气体的压力越大，带电质点的密度越大，不容易产生碰撞游离，复合作用越强，电弧就越容易熄灭；在高真空中，发生碰撞的概率减小，抑制了碰撞游离。

触头材料：采用熔点高、导热能力强和热容量大的耐高温金属时，减少了热电子发射和电弧中的金属蒸汽，有利于电弧熄灭。

电场强度：电场强度高越容易产生强电场发射，采用快速拉开触头，电场强度减弱，削弱游离，加强去游离。

3. 电弧的特性及灭弧的基本原理

交流电弧伏安特性和电弧电压波形如图 1-11 所示，电流瞬时值随时间变化，电弧温度、直径、电压也随时间变化，电弧的这种特性为动特性。

电弧温度的变化总滞后于电流的变化，这种现象称为电弧的热惯性。

A 点是电弧产生时的电压，称为燃弧电压；B 点是电弧熄灭时的电压，称为熄弧电压。由于介质的热惯性，燃弧电压必然大于熄弧电压。

交流电弧电流过零值自然熄灭，采取措施加强去游离，以使在下半周电弧不会重燃而最终熄灭。

决定交流电弧熄弧的基本因素是弧隙的介质强度恢复过程和加在弧隙上的电压恢复过程。

（1）弧隙介质强度恢复过程：电弧电流过零后，弧隙的绝缘能力经过一定时间恢复到绝缘正常状态的过程。弧隙介质强度以耐受电压 $u_d(t)$ 表示。

介质强度 $u_d(t)$ 主要由断路器灭弧装置的结构和灭弧介质性质所决定。另外电弧电流越小、电弧温度越低（冷却条件越好）、提高触头分离速度，均可提高介质强度的恢复速度。常用灭弧介质有油、空气、真空、SF_6 等，介质强度恢复曲线如图 1-12 所示。

图 1-11　交流电弧伏安特性和电弧电压波形
（a）交流电弧伏安特性；（b）电弧电压波形

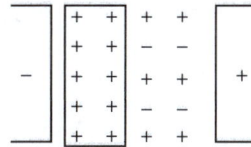

在 $t=0$ 电流过零瞬间，介质强度突然出现升高的现象，称为近阴极效应。电流过零后电荷分布如图 1-13 所示。

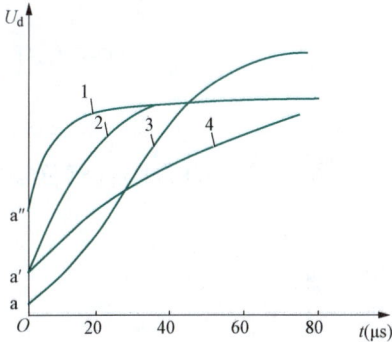

图 1-12　介质强度恢复曲线
1—真空；2—SF_6；3—空气；4—油

图 1-13　电流过零后电荷分布

具有 $150\sim250V$ 的绝缘能力，是 220V 以下低压开关电器中交流电弧容易熄灭的原因，可用在 380V 以上低压开关电器的电弧熄灭。

（2）弧隙电压恢复过程：电弧电流过零时，电源施加于弧隙的电压将从不大的熄弧电压逐渐恢复到电源电压的过程，以 $u_r(t)$ 表示。

电压恢复过程与电路参数（L、C、R）及负荷性质（阻、感、容性）有关。其恢复过程可能是周期性的，也可能为非周期性的，电压的恢复过程如图 1-14 所示。

当电弧电流过零时，弧隙间同时存在着介质强度恢复过程和电源电压的恢复过程。介质强度与恢复电压恢复过程如图 1-15 所示。电流过零后，若 $u_d(t)\leqslant u_r(t)$，则电弧重燃，如图 1-15（a）所示，在 $t=t_1$ 时刻，$u_d(t)=u_r(t)$，电弧重燃；若 $u_d(t)>u_r(t)$，则电弧熄灭，如图 1-15（b）所示。

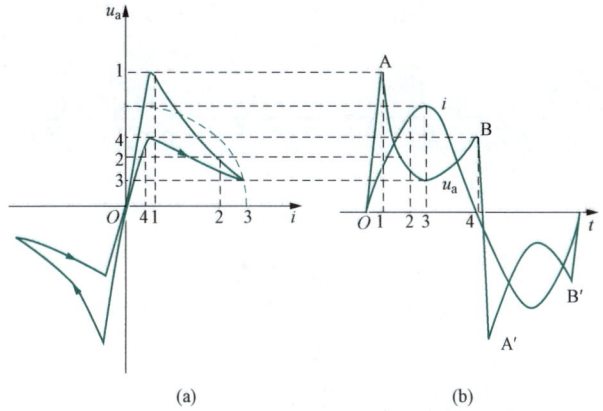

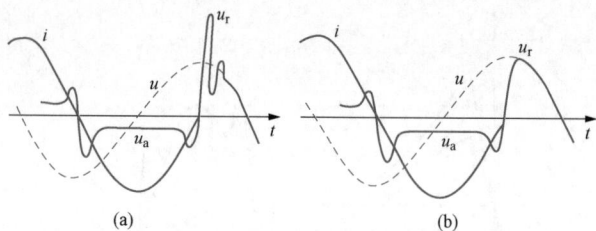

图 1 - 14　电压的恢复过程

（a）周期性恢复过程；（b）非周期性恢复过程

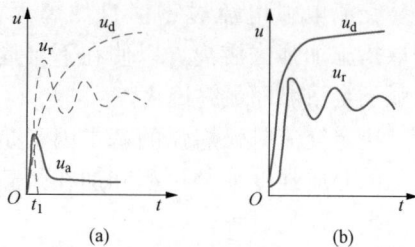

图 1 - 15　介质强度与恢复电压恢复过程

（a）在 $t=t_1$ 时刻，电弧重燃；（b）电弧熄灭

4. 切断交流电路时电压的恢复过程

断路器开断短路电流如图 1 - 16 所示。

（1）单相交流电路的电压恢复过程。

电压恢复过程等值电路如图 1 - 17 所示。

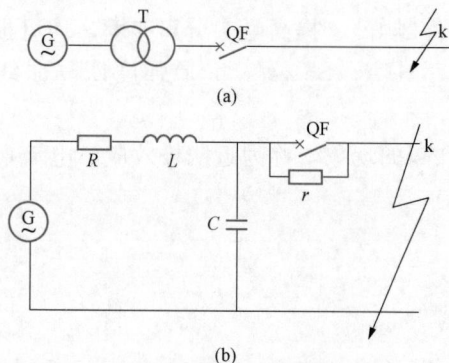

图 1 - 16　断路器开断短路电流

（a）开断电路；（b）等值电路

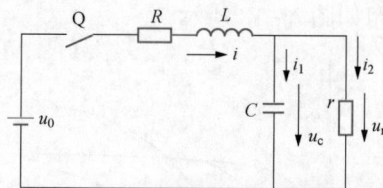

图 1 - 17　电压恢复过程等值电路

$$i = i_1 + i_2 = C\frac{\mathrm{d}u_\mathrm{c}}{\mathrm{d}t} + \frac{u_\mathrm{c}}{r}$$

$$Ri + L\frac{\mathrm{d}i}{\mathrm{d}t} + u_\mathrm{c} = u_0$$

$$LC\frac{\mathrm{d}^2 u_\mathrm{c}}{\mathrm{d}t^2} + \left(RC + \frac{L}{r}\right)\frac{\mathrm{d}u_\mathrm{c}}{\mathrm{d}t} + \left(\frac{R}{r} + 1\right)u_\mathrm{c} = u_0$$

$$\alpha_{1,2} = -\frac{1}{2}\left(\frac{R}{L} + \frac{1}{rC}\right) \pm \sqrt{\frac{1}{4}\left(\frac{R}{L} - \frac{1}{rC}\right)^2 - \frac{1}{LC}}$$

忽略 R 时 $\alpha_{1,2} = -\frac{1}{2rC} \pm \sqrt{\left(\frac{1}{2rC}\right)^2 - \frac{1}{LC}}$

1）当 $\left(\frac{1}{2rC}\right)^2 > \frac{1}{LC}$，即 $r < \frac{1}{2}\sqrt{\frac{L}{C}}$ 时，$U_r = U_0(1 - \mathrm{e}^{-\frac{t}{L}t})$。

恢复电压为非周期性，按指数规律变化，非周期恢复过程如图 1 - 18 所示，其最大值不超过 U_0，不会发生过电压。

2）当 $\left(\frac{1}{2rC}\right)^2 < \frac{1}{LC}$，即 $r > \frac{1}{2}\sqrt{\frac{L}{C}}$ 时，$U_r = U_0(1 - \cos\omega_0 t)$，恢复电压为周期性的振荡

过程。周期性恢复过程如图 1-19 所示，触头弧隙的恢复电压最大值可达 $2U_0$，如计及 U_{r0}，则恢复电压最大值可达 $2U_0+U_{r0}$。实际电路中，由于 R、r 的存在，将产生衰减，故恢复电压最大值一般 $<2U_0$。

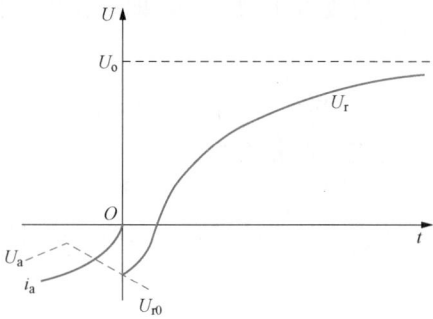

图 1-18　非周期恢复过程　　　　　　图 1-19　周期性恢复过程

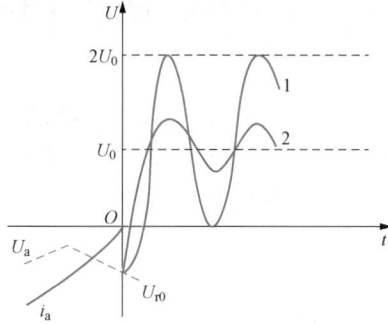

在高压电网发生纯感性短路、开断电弧过零时，如 U_0 恰为工频电源电压幅值，则恢复电压最大幅值将达到两倍电源电压振幅，从而在电路中便可能出现过电压。

3）当并联电阻 $r \leqslant r_{cr} = \dfrac{1}{2}\sqrt{\dfrac{L}{C}}$（Ω）时，将把周期性振荡特性的恢复电压转变为非周期性恢复过程。

（2）三相交流系统不同短路形式的工频恢复电压。

1）开断中性点直接接地系统中的单相短路电路。当电流过零，工频恢复电压瞬时值为 $U_0 = U_m \sin\varphi \approx U_m$。即起始工频恢复电压，近似地等于电源电压最大值。

2）开断中性点不直接接地系统中的三相短路电路。断路器开断三相电路时，电流首先过零电弧熄灭的一相称为首先开断相，如图 1-20 所示，A 相电弧熄灭后等值电路图及相量图。

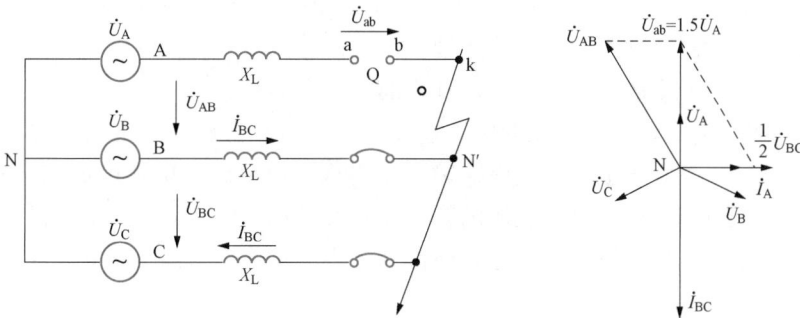

图 1-20　A 相电弧熄灭后等值电路图及相量图

$$\dot{U}_{ab} = \dot{U}_{AB} + \mathrm{j}\dot{I}_{BC}X_L = \dot{U}_{AB} + \frac{\dot{U}_{BC}}{2X_L}X_L = \dot{U}_{AB} + \frac{\dot{U}_{BC}}{2}$$

$$= (\dot{U}_A - \dot{U}_B) + \frac{1}{2}(\dot{U}_B - \dot{U}_C) = \dot{U}_A - \frac{1}{2}(\dot{U}_B + \dot{U}_C)$$

$$= \dot{U}_A + \frac{1}{2}\dot{U}_A = 1.5\dot{U}_A$$

在 A 相熄弧之后，经过 1/4 周期 0.005s 后，$\dot{I}_{BC}=0$，B、C 两相的短路电流同时过零，电弧同时熄灭，在 B、C 两相弧隙上，每个断口将承受线电压的一半，即 $\frac{1}{2}U_{BC}=\frac{1}{2}\sqrt{3}U_{ph}$ $=0.866U_{ph}$。

断路器开断三相电路时，其恢复电压是首先开断相为最大，所以断口电弧的熄灭关键在于首先开断相。但是，后续断开相的燃弧时间将比首先开断相延长 0.005s，相对来讲，电弧能量较大，因而可能使触头烧坏，喷油、喷气等现象也比首先开断相更严重。

3）开断中性点直接接地系统中的三相接地短路电路。该系统发生三相接地短路故障时，当系统 $X_0/X_1 \le 3$ 时：

首先开断相的工频恢复电压 $U_1=1.3U_{ph}$；

第二开断相工频恢复电压 $U_2=1.25U_{ph}$；

最后开断相工频恢复电压 $U_3=1.0U_{ph}$。

中性点直接接地系统中，由于额定电压高，相间距离大，一般不会出现三相直接短路，如果出现，则各相工频恢复电压与中性点不直接接地系统中的三相短路分析结果相同，即首相开断系数仍为 1.5。

断路器开断短路故障时工频恢复电压大小与系统中性点接地方式、短路故障类型及开断顺序有关，首开相的工频恢复电压最高。而断路器首相开断时工频恢复电压最大值为

$$U_{prm1} = K_1 \frac{\sqrt{2}}{\sqrt{3}} U_{sm} = 0.816K_1 U_{sm}$$

对中性点直接接地系统，两相接地短路及单相接地故障时的工频恢复电压均较三相接地故障为低，且认为三相直接短路的机会极少，故依据三相接地短路时的故障取首相开断系数取 1.3；而对中性点不接地系统，首相开断系数取 1.5；中性点不接地系统中的异地两相接地故障，首相开断系数取 1.73，该异地两相接地故障，通常是单相接地故障的继发故障，且接地故障发生在断路器的不同侧的两相处。

（3）特殊运行方式下的开断对断路器开断能力的影响。

1）开断小电感电流。开断空载变压器、并联电抗器及空载高压电动机等小电感性电流时，对于自能式断路器，小电流的电弧能量不足以灭弧，当感性电弧电流过零自然熄灭时，加在断路器断口上电压正好是电源电压的幅值，易使电弧重燃；对于外能式断路器，由于灭弧能力强，当切断小电感电流时，在电弧电流到达零值之前，被强行熄灭，从而产生截流过电压。

2）开断电容电流。开断电容器组或超高压空载长线等小电容电流时，当电弧电流过零时，电弧不能熄灭而重燃，将会产生过电压，从而威胁电力系统设备安全及系统稳定性。

3）近区故障开断。是指大容量系统中，距断路器出线端数百米至几千米线路上发生短路的故障开断。由于断路器与故障点之间数百米至几千米线路上存在分布参数的电感与电容，使断路器开断瞬间恢复电压起始上升速度很高，电弧难以熄灭。通常近距离开断以 35～110kV 电压的电力系统中最为严重。

4）失步故障开断。当电力系统失去稳定，发电机失步运行，开断时恢复电压很高，最

严重的失步是两个系统电压正好相反（相差 180°电角度），此时开断瞬间的工频恢复电压可达近 2 倍相电压，计及断路器首相开断系数，断路器首相开断时，在中性点不接地系统中，工频恢复电压为 3 倍相电压，在中性点直接接地系统中为 2.6 倍相电压。

5. 交流电弧熄灭的方法

（1）利用灭弧介质。电弧中的去游离，很大程度上取决于电弧周围介质的特性，如介质的传热能力、介电强度、热游温度和热容量。这些参数的数值越大，则去游离作用越强，电弧就越容易熄灭。

空气：灭弧性能是各类气体中最差的。

变压器油：绝缘油在电弧高温作用下分解出氢气（约占 70%～80%）和其他气体，氢的绝缘和灭弧能力是空气的 7.5 倍。

六氟化硫（SF₆）气体：SF₆ 气体具有良好的负电性，氟原子具有很强的吸附电子的能力，能迅速捕捉自由电子而成为稳定负离子，为复合创造了有利条件，SF₆ 气体的灭弧能力比空气约强 100 倍。

真空：真空气体压力低于 133.3×10^{-4} Pa，气体稀薄，弧隙中自由电子和中性质点很少，碰撞游离大大减少，况且弧柱对真空的带电质点的浓度差和温度差很大，有利于扩散。其绝缘能力比变压器油、1 个大气压力下的 SF₆ 气体、空气都大（真空的介质强度比空气约大 15 倍）。

（2）采用特殊金属材料作触头。采用熔点高、导热系数和热容量大的耐高温金属作触头材料，可以减少热电子发射和电弧中的金属蒸气，抑制弧隙介质的游离作用。常用触头有铜、钨合金和银、钨合金等。

（3）采用灭弧介质或电流磁场吹动拉长与冷却电弧。吹弧方式如图 1-21 所示，在高压断路器中利用各种结构形式的灭弧室，使气体或油产生巨大的压力并有力地吹向弧隙，将使带电离子扩散和强烈地冷却而复合。

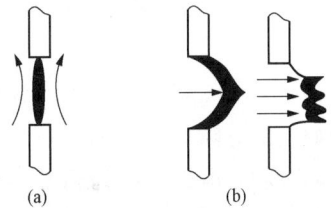

图 1-21　吹弧方式
(a) 纵吹；(b) 横吹

SF₆ 断路器利用压力为 0.3～0.7MPa 的纯净 SF₆ 气体作为灭弧介质；油断路器利用油和油在电弧作用下分解出的气体吹动电弧；真空断路器利用电弧电流产生的横向或纵向磁场吹动电弧使之冷却。

（4）采用多断口熄弧。每相采用多个断口串联，分闸时，多个串联断口同时拉开，把电弧分割成多个短电弧，在相同的触头行程下，多断口比单断口的电弧拉得更长，拉开的速度增加，加速了弧隙电阻的增大，同时增大介质强度恢复速度；由于加在每个断口的电压降低，使弧隙恢复电压降低，有利于熄灭电弧，如图 1-22 所示为 220kV 双断口六氟化硫断路器。

1）触头未并联电容等值电路图，如图 1-23 所示，断口电压分布如下

图 1-22　220kV 双断口六氟化硫断路器

$$U_1 = \frac{C_Q + C_0}{2C_Q + C_0}U \approx \frac{2}{3}U$$

$$U_2 = \frac{C_Q}{2C_Q + C_0}U \approx \frac{1}{3}U$$

第一个断口电压高，比第二个断口的工作条件严重。

2）触头并联电容等值电路图，如图 1-24 所示，断口电压分布如下

$$U_1 = \frac{(C_Q + C) + C_0}{2(C_Q + C) + C_0}U \approx \frac{1}{2}U$$

$$U_2 = \frac{C_Q + C}{2(C_Q + C) + C_0}U \approx \frac{1}{2}U$$

当并联电容足够大（一般电容为 $1000 \sim 2500\text{pF}$）时，断口上的电压分布就接近相等，从而保证了断路器的灭弧能力。

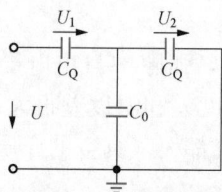

图 1-23　触头未并联电容等值电路图　　　　图 1-24　触头并联电容等值电路图

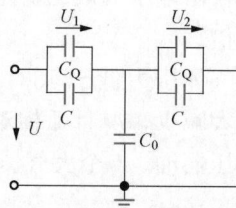

（5）提高断路器触头的分离速度。在高压断路器中都装有强有力的分闸操动机构，以加快触头的分断速度，迅速拉长电弧，可使弧隙的电场强度骤降，同时使电弧的表面突然增大，有利于电弧的冷却和带电质点向周围介质中扩散和离子复合，削弱游离而加强去游离，从而加速电弧的熄灭。

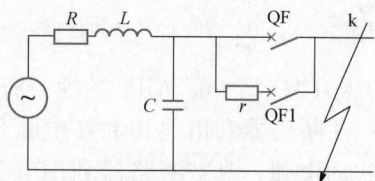

图 1-25　断路器触头并联电阻

（6）断路器加装并联电阻。断路器触头并联电阻如图 1-25 所示。

弧隙电压恢复过程 $u_r(t)$，取决于电路的参数，分闸时先打开主触头 QF，由于有并联电阻 r 接入，使主触头间产生的电弧容易熄灭；降低恢复电压的数值和上升速度；并联电阻对电路的振荡过程起阻尼作用，当并联电阻 $r \leqslant \frac{1}{2}\sqrt{\frac{L}{C}}$ 时，将把具有周期性振荡特性的恢复电压过程转变为非周期性恢复过程，从而抑制了过电压；当主触头间电弧熄灭后，辅助触头 QF1 打开，完全开断电路。合闸时，顺序相反，辅助触头先合，让其预先合在电阻性负荷上，然后合上主触头，避免合闸过电压。

1.4.2　高压断路器基本知识

高压断路器是电力系统最重要的控制设备和保护设备。

1. 断路器作用

高压断路器的功能是接通和断开正常工作电流，能快速切除过负荷电流和故障电流，它

是开关电器中最为完善的一种设备。

2. 断路器基本结构组成

主要包括通断元件、绝缘支撑元件、操动机构及基座等几部分。

通断元件由接线端子、导电杆、动/静触头及灭弧室等组成，承担着接通和断开电路的任务。

绝缘支撑元件起着固定通断元件的作用，并使其带电部分与地绝缘。

操动机构起控制通断元件的作用，当操动机构接到合闸或分闸命令时动作，经中间传动机构驱动动触头，实现断路器的合闸或分闸。

3. 断路器分类

(1) 按照安装地点不同分为：户内型和户外型。

(2) 按照绝缘介质不同分为：六氟化硫断路器、真空断路器、油断路器、空气断路器。

4. 断路器铭牌参数意义

断路器铭牌参数如图 1-26 所示。

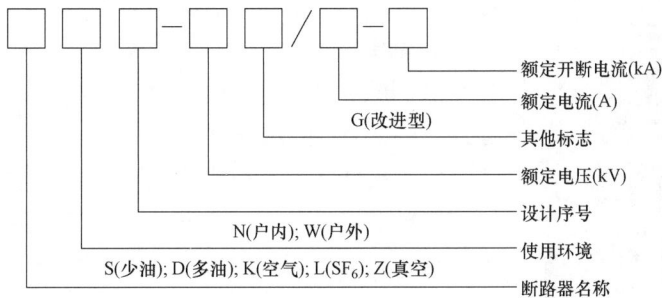

图 1-26　断路器铭牌参数

5. 对高压断路器的基本要求

绝缘应安全可靠；具有足够的动稳定性和热稳定性；具有足够的开断能力；动作速度快，熄弧时间短。

1.4.3　六氟化硫断路器

1. 特点及技术性能

以 SF_6 气体作为灭弧介质，结构简单，但工艺及密封要求严格，对材料要求高，体积小、质量轻，有敞开式及落地罐式之别，也用于 GIS 封闭式组合电器。

额定电流、开断电流大，开断性能好，可适于各种工况开断；绝缘性能好，断口电压可做得较高，断口开距小；噪声小，维护量小，不检修间隔期长，运行稳定、可靠；寿命长，价格高。

2. 灭弧室结构

(1) 双压式灭弧室。灭弧室设有高压和低压两个气压系统。低压系统的压力一般为 0.3～0.5MPa，主要用作灭弧室的绝缘介质。高压系统的压力一般为 1～1.5MPa，只在灭弧过程中才起作用。高、低压室之间有压气泵及管道相连，当高压室气压降低或低压室气压上升到一定程度时，压气泵起动，把低压室的气体打到高压室，形成封闭的自循环系统。开断时，利用两个系统的压力差形成气流来熄弧。

优点：灭弧装置吹弧能力强、开断容量大，动作快、燃弧时间短。

缺点：结构复杂，辅助设备多，维护不方便。

(2) 单压式灭弧室。是根据活塞压气原理工作的，又称压气式灭弧室。平时灭弧室中只有一种压力（一般为 0.3～0.5MPa）的 SF_6 气体，起绝缘作用。开断过程中，灭弧室所需的吹气压力由动触头系统带动压气缸对固定活塞相对运动产生，就像打气筒一样。其 SF_6 气体同样是在封闭系统中循环使用，不能排向大气。具有结构简单、动作可靠等优点。

1) 定开距灭弧室。断路器弧隙由两个静触头保持固定的开距，故称为定开距灭弧室。由于 SF_6 气体的灭弧和绝缘能力强。这种灭弧室具有开距小、断口间电场比较均匀，绝缘性能较稳定；结构紧凑、动作迅速等优点，但压气室的体积较大。

2) 变开距灭弧室。断路器内动、静触头间的开距，随压气室的运动而逐渐加大，即使电弧已被吹熄，动触头继续运动直至终止位置，即在吹弧过程中，触头开距不断加大。这种灭弧室具有开距大，断口电压可制作得较高，起始介质强度恢复较快，断口间电场均匀度较差，影响断口绝缘能力。

3. 断路器结构

SF_6 断路器按结构型式可分为支柱式（瓷瓶式）、落地罐式及 SF_6 全封闭组合电器。

(1) 支柱式。支柱式 SF_6 断路器系列性强，可以用不同个数的标准灭弧单元及支柱瓷套组成不同电压等级的产品。按其整体布置形式可分为 Y 形、I 形及 T 形 3 种布置形式。Y 形如图 1-22 所示的 220kV 双断口六氟化硫断路器。I 形如图 1-27 所示的 LW25-252/T4000-50。T 形如图 1-28 所示的 SFMT-500/3150-50。

(2) 落地罐式。LW15A-550/Y5000-63 如图 1-29 所示，实际上是断路器和电流互感器构成的复合电器，具有结构简单、体积小、开断性能好、抗震和耐污能力强、可靠性高、操作噪声小、不维修周期长、使用方便等优点。

图 1-27　LW25-252/T4000-50

图 1-28　SFMT-500/3150-50

图 1-29　LW15A-550/Y5000-63

（3）气体绝缘金属封闭开关设备 GIS（Gas Insulated Switchgear）。

1）组成。气体绝缘金属封闭开关设备如图 1-30 所示，由断路器、隔离开关、接地开关、互感器、避雷器、母线、连接件和出线终端等组成。

这些设备或部件全部封闭在金属接地的外壳中，在其内部充有一定压力的 SF_6 绝缘气体，故称为 SF_6 全封闭组合电器。

气体绝缘金属封闭开关设备按元件划分若干气隔，除断路器（一般压力为 0.6MPa）外，其余采用相同气压（约 0.4MPa）。

2）特点。占地面积和占用空间小；受外界环境影响很小，可靠性高，适用于污秽地区和高海拔地区；无静电感应和电晕干扰，噪声水平低，避免高压对环境电磁污染；检修、维护周期长；模块化设计，以功能单元为运输单位，安装方便，缩短安装、调试和实验时间；结构紧凑，节省大量设备支架和基础，节省土建费用，节省大量二次电缆；抗震性能好；造价高。

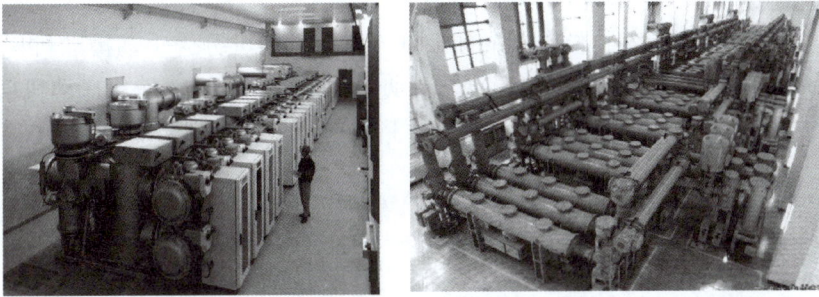

图 1-30　气体绝缘金属封闭开关设备

1.4.4　真空断路器

1. 特点及技术性能

以真空作为灭弧介质，体积小、质量轻，灭弧室工艺及材料要求高，以真空作绝缘和灭弧介质，触头不易氧化。

可连续多次操作，开断性能好，灭弧迅速、动作时间短，开断电流及断口电压不能做得很高，只生产 35kV 及以下。

运行维护简单，灭弧室可更换，无火灾爆炸危险，噪声低；可频繁操作，灭弧速度快。

2. 真空气体特性及灭弧原理

真空交流电弧的熄灭与其他交流电弧一样，主要决定于电流过零后弧隙介质强度的恢复。其恢复速度与弧隙中的触头金属蒸气密度及电弧的热状态有关。

真空间隙的气体稀薄，分子的自由行程大，发生碰撞的概率小，碰撞游离不是真空间隙击穿的主要因素，触头电极蒸发出来的金属蒸气才是形成真空电弧的原因。

影响真空间隙击穿的主要因素除真空度外，还与电极材料、电极表面状况、真空间隙长度有关。

开断电路时，利用电弧电流流过触头时所产生的横向磁场或纵向磁场，使电弧拉长、冷却而熄灭。

1.4.5 油断路器

按绝缘结构可分为多油和少油断路器两大类。其灭弧室属于自能式灭弧室，电弧在油中燃烧时，油迅速分解、蒸发并在电弧周围形成气泡。在灭弧室内由气体、油和油蒸气形成的气流和液流，横向或纵向吹动电弧，加速去游离过程，缩短熄弧时间。

其开断性能与被开断电流的大小有关，在其额定开断电流以内，被开断的电流越大，电弧能量越大，灭弧能力越强，燃弧时间也越短；而被开断的电流较小时，灭弧能力较差，燃弧时间反而较长，存在临界开断电流（对应最大燃弧时间的开断电流）现象。

1.4.6 断路器的操动机构

操动机构是驱动断路器分、合闸的重要配套设备，断路器的工作可靠性在很大程度上依赖于操动机构的动作可靠性。断路器的合闸、分闸动作是由操动机构和与此相互联系的传动机构来完成。

操动机构是独立于断路器本体以外的部分，操动机构可分为手动操动机构（CS）、电磁操动机构（CD）、弹簧操动机构（CT）、气动操动机构（CQ）、液压操动机构（CY）等几种。其中手动和电磁操动机构属于直动机构，弹簧、气动和液压操动机构属于储能机构。

高压SF$_6$断路器，配用的操动机构有液压、气动、弹簧操动机构。真空断路器中主要配用的操动机构为电磁操动机构和弹簧操动机构。

1.4.7 断路器控制回路组成和分析 专科 A 类考点

1. 断路器的传统控制方式

断路器的控制方式：有一对一控制和一对 N 的选线控制。

按操作电源不同可分为强电控制和弱电控制。强电控制电压一般为 110V 或 220V，弱电控制电压为 48V 及以下。

对于强电控制，按其控制地点，又可分为远方控制和就地控制。

按监视方式不同可分为灯光监视的控制回路与音响监视的控制回路。前者应用得较为普及，而后者一般只用于在电气主接线的进出线很多的场合，以减少控制屏所用的空间。

2. 断路器控制回路的基本要求

（1）断路器操动机构中的合闸和跳闸回路是按短时通电来设计的。

（2）断路器既能在远方由控制开关进行手动合闸和跳闸，又能在自动装置和继电保护作用下自动合闸或跳闸。

（3）控制回路应具有反映断路器位置状态的信号和自动合、跳闸的不同的显示信号。

（4）具有防止断路器多次合、跳闸的"防跳"装置。

（5）对控制回路及其电源是否完好，应能进行监视。

（6）对于采用气压、液压和弹簧操作的断路器，应有对压力是否正常、弹簧是否拉紧到位的监视回路和动作闭锁回路。

（7）分相操作断路器，应有监视三相位置是否一致措施。

（8）接线应简单可靠，使用电缆芯数应尽量少。

3. 灯光监视的控制回路和信号回路

(1) 断路器控制元件、中间放大元件以及操动机构。

1) 断路器控制元件。断路器的合、跳闸命令是由运行人员按下按钮或转动控制开关等控制元件而发出的。

图 1-31 为 LW2-Z 型控制开关结构图，其正面是一个操作手柄，装于屏前；与手柄固定连接的方轴上装有 5～8 节触点盒，用连接杆相连装于屏后。在每节方形触点盒的四角均匀固定着 4 个静触点，其外端与外电路相连，内端与固定于方轴上的动触点簧片相配合。

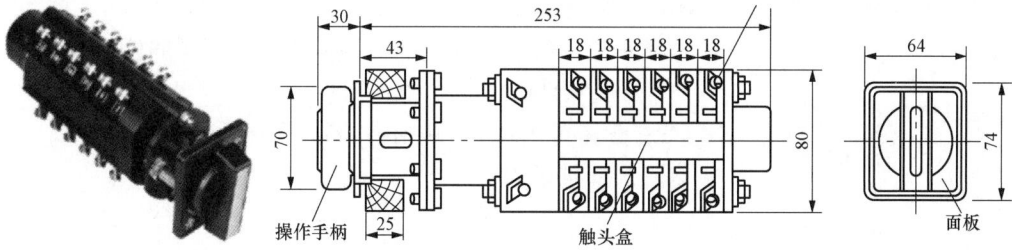

图 1-31　LW2-Z 型控制开关结构图

由于簧片的形状及安装位置的不同，组成各种型号的触点盒，其代号为 1、1a、2、4、5、6、6a、7、8、10、20、30、40、50 等。

表 1-1 为 LW2-Z-1a、4、6a、40、20、20/F8 型控制开关触点图表，可见在手柄转至不同位置时，6 节触点盒的触点连通情况。

表 1-1　　　　　　LW2-Z-1a、4、6a、40、20、20/F8 型控制开关触点图表

手柄及触点盒接线型式	合跳	1②3④	5⑥ 7⑧	9⑩ 12⑪	13⑭ 16⑮	18⑲ 17⑳	22㉓ 21㉔
手柄及型式	F8	1a	4	6a	40	20	20
触点号位置	—	1~3 / 2~4	5~8 / 6~7	9~10 / 9~12 / 11~10	14~13 / 14~15 / 16~13	19~17 / 17~18 / 18~20	21~23 / 21~22 / 22~24
跳闸后	▭	— ·	— —	— — ·	— — ·	— — ·	— — ·
预备合闸	▯	· —	— —	· — —	· — —	· — —	· — —
合闸	◹	— —	· ·	— · —	— · —	— · —	— · —
合闸后	▯	· —	— —	— · —	· — —	— · —	· — —
预备跳闸	▭	— ·	— —	· — —	— — ·	· — —	— · —
跳闸	◹	— ·	— —	— — ·	— — ·	— — ·	— — ·

—表示触点断开；·表示触点接通。

LW2-Z 型控制开关的手柄有两个固定位置和两个操作（旋转至最大角度）位置。

其固定位置有：

①垂直位置是预备合闸和合闸后；

②水平位置是预备跳闸和跳闸后。

其操作位置有：

①合闸操作，由预备合闸（垂直位置）顺时针转45°至合闸位置，瞬间发出合闸脉冲，松手后靠弹簧作用使手柄复位于垂直位置（合闸后）；

②跳闸操作，由预备跳闸（水平位置）逆时针转45°至跳闸位置，瞬时发出跳闸脉冲，松手后靠弹簧作用使手柄复位于水平位置（跳闸后）。

断路器的控制信号电路中，触点通断情况采用图形符号表示，LW2 - Z - 1a、4、6a、40、20、20 型触点通断的图如图 1 - 32 所示。

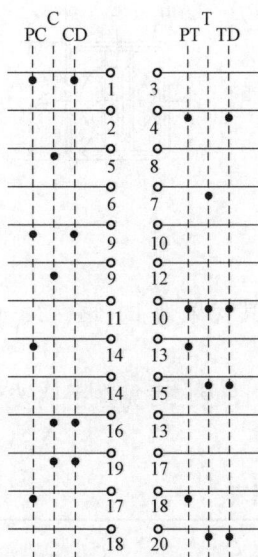

图 1 - 32 LW2 - Z - 1a、4、6a、40、20、20 型触点通断的图

六条垂直虚线表示控制开关手柄的六个不同的位置。

PC：预备合闸；C：合闸；CD：合闸后。

PT：预备跳闸；T：跳闸；TD：跳闸后。

水平线即端子引线。

水平线下方位于垂直虚线上的粗点，表示该对触点在此位置是闭合的。

2）中间放大元件。因断路器的合闸电流甚大，如电磁式操动机构，其合闸电流可达几十安到几百安，而控制元件和控制回路所能通过的电流往往只有几安，因而须在合闸回路中安装中间放大元件去驱动操动机构，如用 CZ0 - 40C 型直流接触器去接通合闸回路。由于断路器的跳闸位置是自然状态，在合闸过程中断路器的分闸弹簧已积聚了能量，所以由合闸位置转跳闸位置时所需力矩较小且短促，不需中间放大元件。

3）操动机构。断路器本身附带的合、跳闸传动装置，用来使断路器合闸或维持闭合状态，或使断路器跳闸。分为电磁操作机构（CD）、弹簧操作机构（CT）、液压操作机构（CY）、电动机操作机构（CJ）和气动操作机构（CQ）等。

①电磁操作机构。利用电磁铁将电能转变为机械能来实现断路器分、合闸的动力机构，称为电磁操动机构。

合闸电流很大，可达几十安至数百安，合闸回路不能直接利用控制开关触点接通，必须采用中间接触器。

②弹簧操作机构。靠预先储存在弹簧内的位能来进行合闸的机构。弹簧储能时耗用功率小（用 1.5kW 电动机储能），合闸电流小，合闸回路可直接用控制开关触点接通。

③液压操作机构。依靠压缩气体（氮气）作为能源，以液压油作为传递媒介来进行合闸的机构。高压油预先储存在贮油箱内，用（1.5kW）的电动机带动油泵运转，将油压入贮压筒内，使预压缩的氮气进一步压缩，从而不仅合闸电流小，合闸回路可直接用控制开关触点接通。压力高，传动快，动作准确，出力均匀。110kV 及以上广泛应用。

（2）断路器控制回路和信号回路。

1）断路器控制信号回路的构成。

①基本跳、合闸电路。断路器基本跳、合闸电路如图 1 - 33 所示。

a. 手动合闸。将控制开关 SA 置于"合闸"位置，其触点 5 - 8 接通；经断路器辅助常闭触点 QF1‑2 接通合闸接触器的线圈 KM；KM 动作，其常开触点闭合，接通合闸线圈 Yon，断路器即合闸。

　　b. 手动跳闸。触点 6‑7 闭合；经断路器辅助常开触点 QF3‑4 接通跳闸线圈 Yoff，断路器跳闸。

　　c. 自动合闸。通过自动装置中间继电器节点 K1 闭合，代替了 SA5‑8 触点闭合实现的。

　　d. 自动跳闸。通过继电保护出口继电器节点 KCO 闭合，代替 SA6‑7 触点闭合实现的。

　　断路器辅助触点作用：自动解除合、跳闸命令脉冲，防止合、跳闸线圈长期励磁而烧毁；切断电路中的电弧。由于接触器和跳闸线圈都是感性负载，由控制开关 SA 的触点切断合、跳闸操作电源，容易产生电弧，烧毁其触点。

　　②位置信号电路。断路器位置信号电路如图 1‑34 所示。

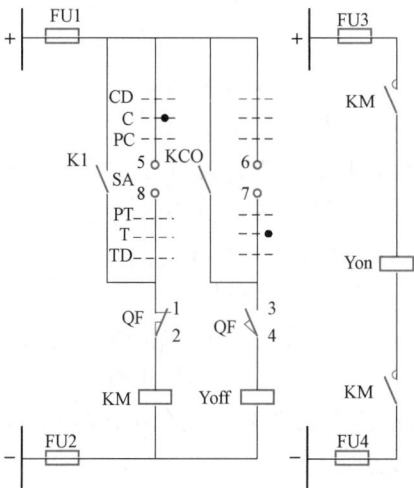

图 1‑33　断路器基本跳、合闸电路图　　　　图 1‑34　断路器位置信号电路图

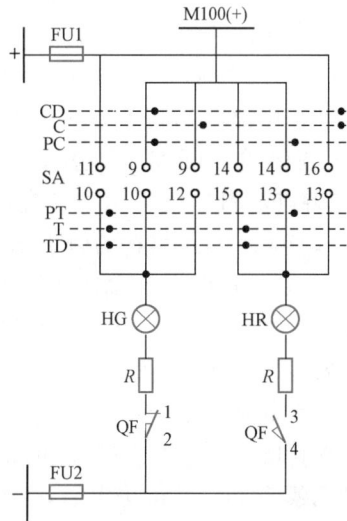

　　红灯 HR 发平光，表示断路器处于合闸位置，SA 置于"合闸"或"合闸后"位置。由 SA16‑13 触点和断路器辅助常开触点 QF3‑4 接通电源发平光的。

　　绿灯 HG 发平光，表示断路器处于跳闸状态，控制开关置于"跳闸"或"跳闸后"位置。由 SA11‑10 触点和断路器辅助常闭触点 QF1‑2 接通电源而发平光的。

　　③自动合、跳闸的灯光显示。自动装置动作使断路器合闸或继电保护动作使断路器跳闸，为引起运行人员注意，采用指示灯闪光办法。电路采用"不对应"原理设计。

　　所谓不对应是指 SA 的位置与断路器实际位置不一致。如图 1‑34 所示，正常运行时，SA 置于"合闸后"位置，当发生事故，断路器自动跳闸时，SA 仍在"合闸后"位置，两者是不对应的，此时绿灯 HG 经 QF1‑2 和 SA9‑10 触点接至闪光小母线 M100（＋）上，绿灯闪光，提醒运行人员断路器已跳闸。运行人员将控制开关 SA 置于"跳闸后"的对应位置时，绿灯发平光。同理，自动合闸时，红灯 HR 闪光。

　　当 SA 在"预备合闸"或"预备跳闸"位置时，红灯或绿灯也要闪光，这种闪光可让运行人员进一步核对操作是否无误。操作完毕，闪光即可停止，表明操作过程结束。

　　④事故跳闸音响信号。断路器由继电保护动作跳闸时，要求发出事故跳闸音响信号，也

是利用"不对应"原理设计的。事故跳闸音响信如图 1 - 35 所示，正常运行时，控制开关 SA1 - 3、SA19 - 17 接通，断路器辅助常闭触点 QF5 - 6 断开。事故跳闸时，QF5 - 6 闭合，将负电源（－700）与 M708 为事故音响小母线相连，即可发出音响信号。

⑤断路器的防跳闭锁电路。当断路器合闸后，在 SA 触点 5 - 8 或自动装置触点 K1 被卡死的情况下，如遇到永久性故障，继电保护动作使断路器跳闸，则会出现多次跳合闸现象，这种现象称为"跳跃"。如果断路器发生多次跳跃，会使其毁坏，造成事故扩大。

"防跳"措施有机械防跳和电气防跳两种。机械防跳即指操作机构本身有防跳性能，如 6～10kV 断路器的电磁型操作机构（CD2）就具有机械防跳措施。电气防跳是指在断路器控制回路中加设电气防跳电路。包括利用防跳继电器防跳和利用跳闸线圈的辅助触点防跳。

35kV 及以上的断路器常采用"电气防跳"。

防跳闭锁电路图如图 1 - 36 所示，在合闸过程中，如正遇永久性故障，KCO 闭合，断路器跳闸，并启动防跳继电器的电流线圈 KCFI，使触点 KCF1 - 2 闭合。若控制开关 SA 手柄未复归或其触点被卡住，以及自动投入装置的触点 K1 被卡住时，由于防跳继电器的触点 KCF1 - 2 已经闭合，致使防跳继电器的电压线圈 KCFV 带电，保持触点 KCF3 - 4 断开，避免合闸接触器 KM 再次励磁，也就防止了断路器发生"跳跃"。在上述合闸并遇到永久性故障的过程中，因保护跳闸使触点 KCF1 - 2 闭合，只要控制开关手柄未复归（或其他合闸命令未解除），电压线圈 KCFV 就一直带电，起到了自保持的作用，使 KM 不再励磁，断路器不能再次合闸，只有在合闸脉冲解除，防跳继电器 KCFV 电压线圈失电后，整个电路才恢复正常。

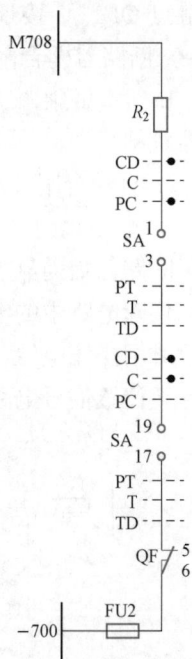

图 1 - 35　事故跳闸音响信

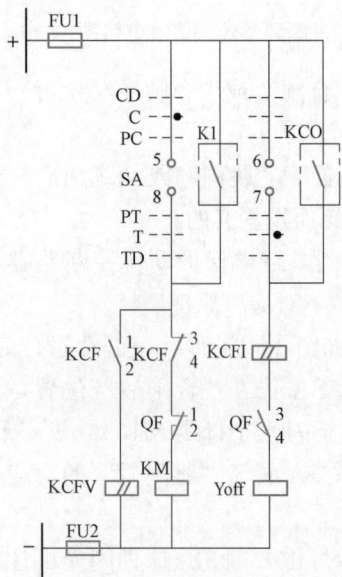

2）控制回路和信号回路的工作过程。

①手动合闸。灯光监视的电磁操动机构断路器控制回路和信号回路图如图 1 - 37 所示，断路器处于跳闸位置，控制开关 SA 置于"跳闸后"位置，由正电源（＋）经 SA11 - 10 触点、绿灯 HG、附加电阻、断路器辅助常闭触点 QF1 - 2、合闸接触器 KM 至负电源（－）形成通路，绿灯 HG 发平光。表明了断路器处于跳闸后的位置信号，同时对控制电源与合闸回路起到监视作用，如果回路故障，绿灯将熄灭。此时，合闸接触器 KM 两端虽有电压，由于绿灯 HG 及附加电阻的限流（分压）作用，不足以使合闸接触器 KM 动作。

在合闸回路完好的情况下，将控制开关 SA 置于"预备合闸"位置，绿灯 HG 经 SA9 - 10 触点接至闪光母线 M100（＋）上，绿灯闪光，此时可提醒操作人员核对操作对象是否有误。核对无误后，将 SA 置于"合闸"位置，其 SA5 - 8 触点接通，合闸接触器 KM 线圈通电启动，其常

图 1 - 36　防跳闭锁电路图

24

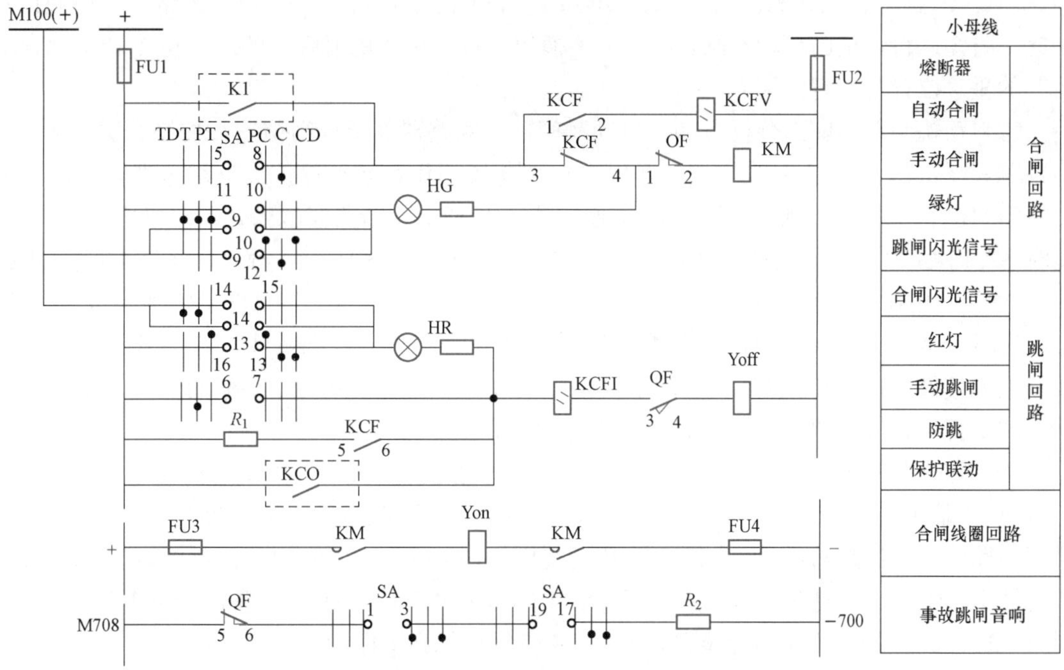

图 1-37　灯光监视的电磁操动机构断路器控制回路和信号回路图

开触点（动合触点）闭合，接通合闸线圈回路，使合闸线圈 Yon 通电，由操动机构使断路器合闸。SA5-8 触点接通的同时，绿灯熄灭。

合闸完成后，QF1-2 断开合闸回路，避免合闸线圈长期励磁；松手后，手柄自动复归到"合闸后"位置（垂直位置），QF3-4 闭合，由正电源（＋）经 SA16-13 触点、红灯 HR、附加电阻、QF3-4、Yoff 至负电源（一）形成通路，红灯 HR 发平光，表明断路器处于合闸位置，同时对控制电源与跳闸回路起到监视作用，如果回路故障，红灯将熄灭。此时，跳闸线圈 Yoff 两端虽有电压，由于红灯 HR 及附加电阻的限流（分压）作用，不足以使跳闸线圈 Yoff 动作。

②手动跳闸。由前面分析可知，手动跳闸前，断路器处于合闸位置，控制开关 SA 置于"合闸后"位置，红灯 HR 发平光。将 SA 置于"预备跳闸"位置，由闪光母线 M100（＋）经 SA13-14 触点、红灯 HR、KFCI、QF3-4、Yoff 至负电源（一）形成通路，红灯 HR 发闪光，提醒操作人员核对操作对象。

再将 SA 置于"跳闸"位置，由正电源（＋）经 SA6-7 触点、KFCI、QF3-4、Yoff 至负电源（一）形成通路，使跳闸线圈 Yoff 通电，断路器电磁式操动机构动作跳闸。

跳闸完成后，QF1-2 闭合，QF3-4 断开，切断跳闸线圈，避免跳闸线圈长期励磁；松手后，手柄自动复归到"跳闸后"位置。由正电源（＋）经 SA11-10 触点、绿灯 HG、附加电阻、断路器辅助常闭触点 QF1-2、合闸接触器 KM 至负电源（一）形成通路，绿灯 HG 发平光。

③自动合闸。由前面分析可知，自动合闸前断路器处于跳闸位置，控制开关 SA 置于"跳闸后"位置，绿灯 HG 发平光。自动合闸装置动作时，K1 闭合，SA5-8 触点被短接，合闸接触器 KM 动作，断路器合闸。此时 SA 仍为"跳闸后"位置，由闪光母线 M100（＋）

经 SA14 - 15 触点、红灯 HR、KFCI、QF3 - 4、Yoff 至负电源（一）形成通路，红灯 HR 发闪光，告知运行人员已自动合闸，将 SA 手柄的位置，从"跳闸后"的水平位置转至"合闸后"的垂直位置，红灯发平光。

④自动跳闸。由前面分析可知，自动跳闸前，断路器处于合闸位置，控制开关 SA 置于"合闸后"位置，红灯 HR 发平光。若继电保护装置动作，起动保护出口继电器，其动合触点 KCO 闭合。SA6 - 7 触点被短接，跳闸线圈 Yoff 通电，断路器电磁式操动机构动作跳闸。此时 SA 仍为"合闸后"位置，由闪光母线 M100（＋）经 SA9 - 10 触点、绿灯 HG、QF1 - 2、KM 至负电源（一）形成回路，绿灯 HG 发闪光，告知运行人员已发生跳闸。与此同时，SA1 - 3 和 SA19 - 17 触点均处于接通状态，由 M708 经 SA1 - 3、SA19 - 17、QF5 - 6 至信号回路电源负极 - 700 回路接通，启动事故信号装置发出音响。将 SA 手柄的位置，从"合闸后"的垂直位置转至"跳闸后"的水平位置，绿灯发平光。

⑤"防跳"措施。电气防跳前面已经叙述，现讨论防跳继电器 KCF5 - 6 触点经电阻 R1 与 KCO 并联的作用。断路器由保护装置动作跳闸时，保护出口继电器 KCO 的触点可能比跳闸回路的辅助触点 QF3 - 4 先断开，从而烧毁 KCO 触点。在保护动作跳闸的同时，防跳继电器 KCFI 动作，使 KCF5 - 6 触点闭合，由于 KCF5 - 6 与 KCO 并联，所以 KCO 触点返回时，KCF5 - 6 触点仍在闭合位置，这样 KCO 触点得到了保护。

220kV 及以上的断路器一般是按照三相分设单独的操动机构和控制回路，操作机构多为弹簧式或液压式。

1.5　高压隔离开关　A 类考点

高压隔离开关是发电厂和变电站中常用的开关电气设备，一般配有电动及手动操动机构，单相或三相操作，需与断路器配套使用。隔离开关无灭弧装置，不能用来接通和切断负荷电流和短路电流。

隔离开关的工作特点是在有电压、无负荷电流情况下分、合线路。

1. 隔离开关作用

（1）隔离电压。在检修电气设备时，用隔离开关将被检修的设备与电源电压隔离，以确保检修的安全。

（2）倒闸操作。利用隔离开关与断路器配合，完成运行方式的转变，如倒母线操作等。

（3）分、合小电流。因隔离开关具有一定的分、合小电感电流和电容电流的能力，故一般可用来进行以下操作：分、合避雷器、电压互感器和空载母线；分、合励磁电流不超过 2A 的空载变压器；关合电容电流不超过 5A 的空载线路。

2. 隔离开关分类

（1）按照装置地点分为屋内型和屋外形。

（2）按照有无接地开关分为无接地开关、单接地和双接地。

（3）按照操作方式分为勾棒操作、手力式操动机构和电动式操动机构。

（4）按照结构型式分为水平断口双柱式、水平断口三柱式、水平断口伸缩插入式和垂直断口伸缩式等，屋外高压隔离开关如图 1 - 38 所示。

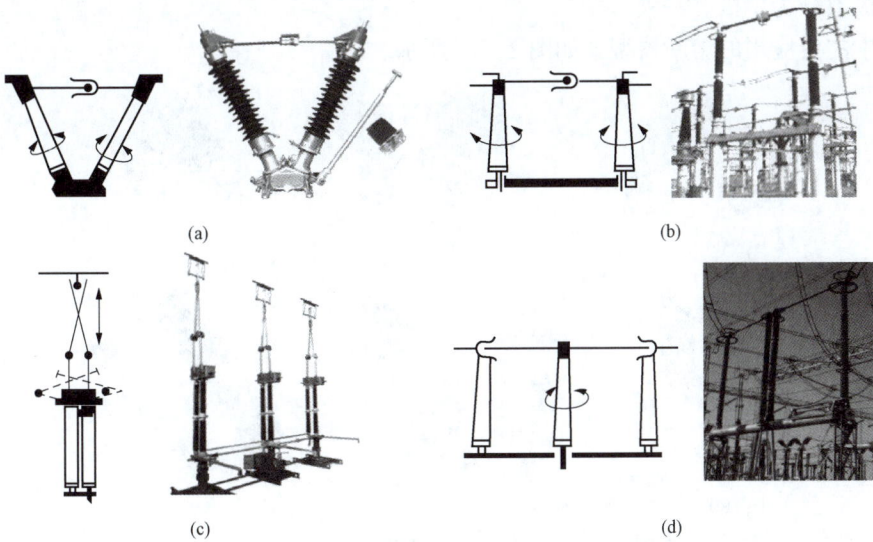

图 1 - 38　屋外高压隔离开关

(a) GW5 - 110D/1250；(b) GW4 - 220D/1600；(c) GW6 - 252D/2000；(d) GW7 - 550D/4000

3. 隔离开关型号参数意义

隔离开关型号参数如图 1 - 39 所示。

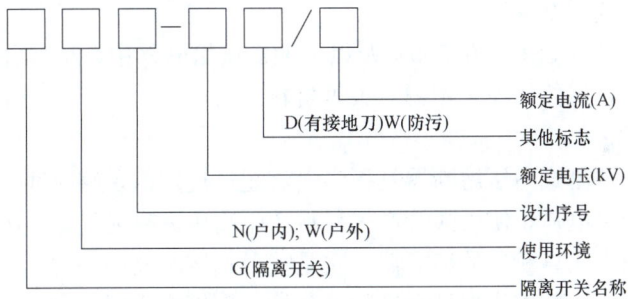

图 1 - 39　隔离开关型号参数

1.6　熔断器与负荷开关　A 类考点

1.6.1　熔断器

熔断器是最早使用最简单的保护电器，串联在 110kV 及以下电路中，用来保护电路中的电气设备，使其免受过载和短路的危害。

不能用来正常切断和接通电路，必须与其他电器（隔离开关、负荷开关）等配合使用。

1. 分类

按照性能分为限流式、非限流式。

按照保护对象分为变压器、发电机、电动机、电压互感器、并联电容器、供电线路。

按照结构型式分为插入式、母线式、跌落式、非跌落式、开启式、混合式。

按照极数分为单极、三极。

系统中主要应用的熔断器型式如图1-40所示。

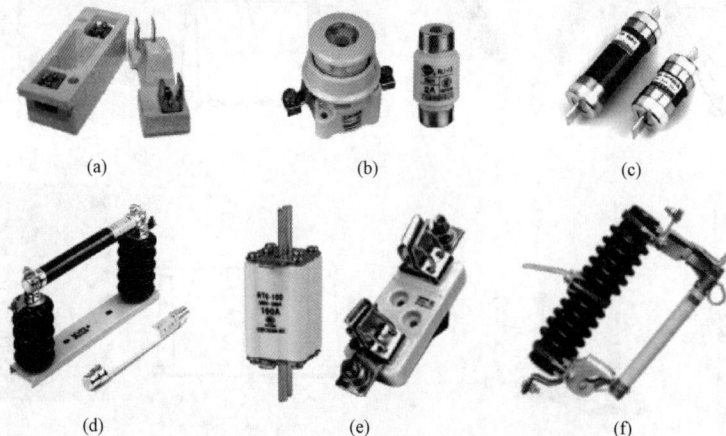

(a)　　　　　　　　(b)　　　　　　　　(c)

(d)　　　　　　　　(e)　　　　　　　　(f)

图1-40　熔断器型式

(a) RC1A瓷插式；(b) RL1螺旋式；(c) RM10无填料密闭管式；
(d) RT0有填料管式；(e) XRN屋内限流式；(f) RW屋外跌落式

2. 结构组成

由熔管、金属熔体、支持熔体的触刀及绝缘支持件等组成。

管体：为纤维或瓷质绝缘管。

熔体：为易于熔断的导体，在500V及以下的低压熔断器中，熔体往往采用铅、锌等材料；在高压熔断器中，熔体往往采用铜、银等材料。

3. 跌落式熔断器

(1) 工作原理。跌落式高压熔断器是指当电流超过规定值足够时间，熔断件熔体在载熔件灭弧管内熔断，产生电弧，使灭弧管产气材料产生高压力喷射气体而灭弧，载熔件自动跌落到一个位置，而提供隔离断口的熔断器，它是喷射式熔断器的一种。广泛应用于10kV配电线路和配电变压器一次侧作为保护和进行设备投、切操作之用。

(2) 跌落式熔断器操作原则。操作时由两人进行（一人监护，一人操作），必须戴经试验合格的绝缘手套，穿绝缘靴、戴护目眼镜，使用电压等级相匹配的合格绝缘棒操作，在雷电或者大雨的气候下禁止操作。

停电操作顺序，一般规定为先拉断中间相，再拉背风的边相，最后拉断迎风的边相。送电操作顺序与停电操作相反，先合迎风边相，再合背风的边相，最后合上中间相。

1.6.2　负荷开关

负荷开关用来接通或断开正常工作电流，带有热脱扣器的负荷开关具有过载保护性能，本身不能切断短路电流，负荷开关作用是处于断路器和隔离开关之间。

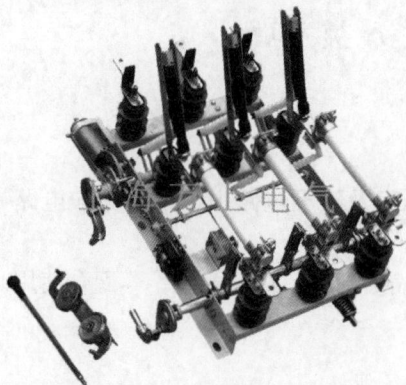

图1-41　FN5-12负荷开关

通常负荷开关与熔断器配合,若制成带有熔断器的负荷开关可代替断路器,FN5-12负荷开关如图1-41所示。

负荷开关可靠性高,但技术要求一般比断路器低。结构简单,机械可靠性比断路器高,成本低,组合性强,可与熔断器配合使用。

1.7 电流互感器 A类考点

互感器包括电流互感器和电压互感器,是发电厂、变电站内一次系统和二次系统间的联络元件,是电力系统中测量仪表、继电保护等二次设备获取电气一次回路信息的传感器。

其作用如下。

(1) 将高电压、大电流按比例变成低电压(100V、$100/\sqrt{3}$ V、100/3V)和小电流(5A、1A),供电给测量仪表和保护装置,使测量仪表和保护装置标准化、系列化和小型化。

(2) 为了确保工作人员在接触测量仪表和继电保护装置时的安全,互感器的每个二次绕组均有一个可靠的接地点,以防止绕组间绝缘损坏而使二次部分长期存在高电压。

1.7.1 电磁式电流互感器特点

电流互感器原理接线如图1-42所示。

(1) 电流互感器一次绕组串联在电路中,匝数很少,一次绕组中的电流完全取决于被测电路的负荷电流,与二次侧电流大小无关。

(2) 电流互感器二次绕组所接仪表的电流线圈阻抗很小,所以正常情况下电流互感器在近于短路状态下运行,不允许开路运行。

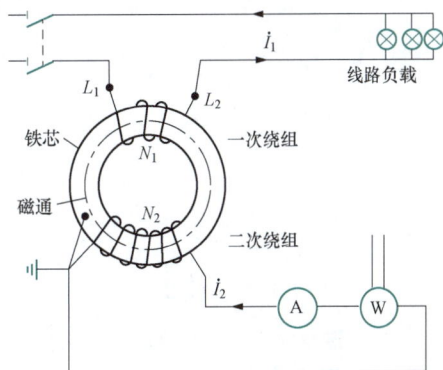

图1-42 电流互感器原理接线

1.7.2 电磁式电流互感器结构

(1) 单匝电流互感器,如图1-43所示。结构简单、尺寸小、价格低,适用于400A以上,缺点是一次电流小时误差大。

(2) 复匝电流互感器,如图1-44所示。复匝式电流互感器可用于额定电流为各种数值电路。

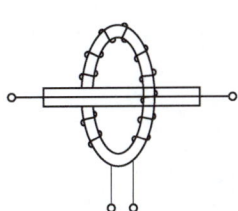

图1-43 单匝电流互感器

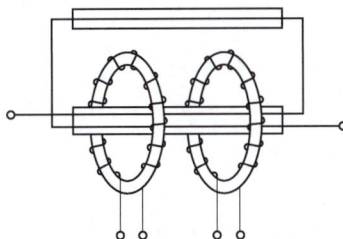

图1-44 复匝电流互感器

为适应不同一次负荷电流要求,110kV及以上的电流互感器常将一次绕组分成几组,通过改变一次绕组的串、并联关系,可获得2~3个额定电流比。一次绕组串并联方式如图

1-45 所示。

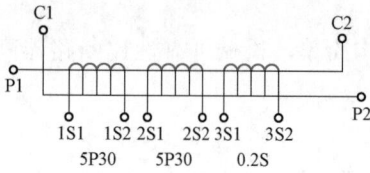

图 1-45　一次绕组串并联方式

1.7.3　电流互感器分类

（1）按照安装地点分为户内式和户外式。

（2）按照安装方式分为穿墙式、支持式和装入式。

（3）按照特性和用途分为测量/计量用和继电保护用。

（4）按照结构型式分为单匝式（贯穿型和母线型）、多匝式。

（5）按照主绝缘介质分为干式、浇注式、油浸式、六氟化硫气体绝缘。

（6）按电流互感器的工作原理可分为电磁式、电容式、电子式和光电式。

1.7.4　电流互感器误差

1. 等值电路及误差

电流互感器等值电路图、相量图如图 1-46 和图 1-47 所示。

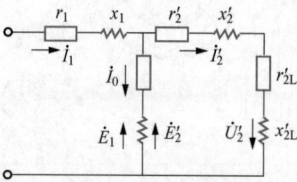

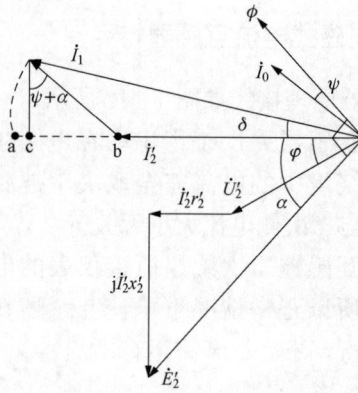

图 1-46　电流互感器等值电路图　　　图 1-47　电流互感器相量图

由于互感器本身存在励磁损耗、磁饱和等影响，使一次电流与折算到一次侧的二次电流在数值上和相位上都有差异，即测量结果有——电流误差（比值差或变比差）和相位差（角误差或相角差）。

$$f_i = \frac{K_i I_2 - I_1}{I_1} \times 100(\%)$$

$$\dot{I}_0 N_1 = \dot{I}_1 N_1 - \dot{I}_2 N_2 = \dot{I}_1 N_1 - \dot{I}'_2 N_1$$

$$\dot{I}_1 = \dot{I}_0 + \dot{I}'_2$$

$$\dot{U}'_2 = \dot{I}'_2 (r'_{2L} + jx'_{2L}) \qquad \dot{E}'_2 = \dot{U}'_2 + \dot{I}'_2 (r'_2 + jx'_2)$$

$$f_i = -\frac{I_0 N_1}{I_1 N_1} \sin(\psi + \alpha) \times 100(\%)$$

$$\delta_i \approx \sin\delta_i = \frac{I_0 N_1}{I_1 N_1} \cos(\psi + \alpha) \times 3440(')$$

$$f_i = -\frac{(Z_2 + Z_{2L})L_{av}}{222 N_2^2 S \mu} \sin(\psi + \alpha) \times 100(\%)$$

$$\delta_i \approx \frac{(Z_2 + Z_{2L})L_{av}}{222N_2^2 S\mu}\cos(\psi + \alpha) \times 3440(')$$

2. 影响电流互感器的因素

(1) 铁芯结构尺寸：铁芯的磁路 L_{av} 越短、截面 S 越大、二次绕组匝数 N_2 越多，误差越小。

(2) 运行参数对误差影响。

1) 一次电流 I_1 的影响。设计 TA 时，通常使铁芯在额定条件下工作时的磁感应强度 B 较低（约 0.4T），此时 μ 值较高，激磁电流 I_0 较小，误差较小。磁感应强度与导磁率关系曲线如图 1-48 所示。

当一次侧电流减小，导磁率 μ 减小，误差增大；当一次电流数倍于额定值时，铁芯开始饱和，μ 值下降，误差也会增大。（当一次电流接近额定电流附近误差最小）

2) 二次负载阻抗及功率因数的影响。若 Z_{2L} 增加时（$\cos\varphi_2$ 不变），f_i 和 δ_i 均增大。当 $\cos\varphi_2$ 下降时，功率因数角 φ_2 增大，f_i 增大、而 δ_i 减小，反之 f_i 减小、δ_i 增大。

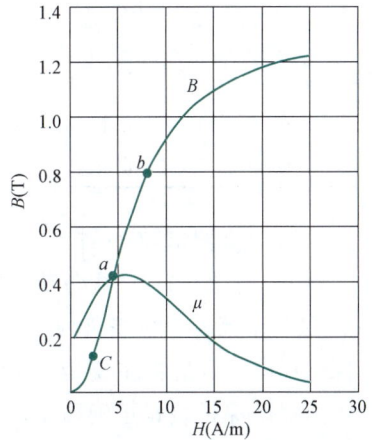

图 1-48　磁感应强度与导磁率关系曲线

1.7.5　电流互感器二次开路及危害

二次开路时，$Z_{2L} = \infty$，$I_2 = 0$，$\dot{I}_0 N_1 = \dot{I}_1 N_1$，励磁磁势由 $\dot{I}_0 N_1$ 剧增为 $\dot{I}_1 N_1$，铁芯中磁场强度 H 剧增，使合成磁通波形呈严重饱和的平顶波形，因此二次绕组将在磁通过零时将感应产生很高的尖顶波电势，其数值可达上万伏。

危及工作人员安全；危及仪表、继电器的绝缘；由于磁感应强度骤增，引起铁芯和绕组过热；在铁芯中由于剩磁的存在，使互感器特性变差、误差增大。

1.7.6　电流互感器的准确级

准确级指在规定的二次负荷变化范围内，一次电流为额定值时的最大电流误差的百分值。

1. 测量用互感器准确级

测量用电流互感器准确级和误差见表 1-2，测量用电流互感器有一般用途和特殊用途（S 类）两类。对于工作电流变化范围较大的线路及高压、超高压电网中，推荐采用带有 S 类测量级二次绕组的电流互感器。

表 1-2　　　　　　　　　　　　测量用电流互感器准确级和误差表

准确级	电流误差（±%）				相位差（±′）			
	在下列一次额定电流（%）时				在下列一次额定电流（%）时			
	1	5	20	100～120	1	5	20	100～120
0.2S	0.75	0.35	0.2	0.2	30	15	10	10
0.5S	1.5	0.75	0.5	0.5	90	45	30	30

续表

准确级	电流误差（±%）在下列一次额定电流（%）时				相位差（±′）在下列一次额定电流（%）时			
	1	5	20	100～120	1	5	20	100～120
0.1		0.4	0.2	0.1		15	8	5
0.2		0.75	0.35	0.2		30	15	10
0.5		1.5	0.75	0.5		90	45	30
1		3.0	1.5	1.0		180	90	60
3	在50%～120%额定电流时，电流误差为±3%，相位差不作规定							
5	在50%～120%额定电流时，电流误差为±5%，相位差不作规定							

测量用互感器准确级有 0.1、0.2、0.2s、0.5、0.5s、1（二次负荷为额定负荷值的25%～100%）、3、5（二次负荷为额定负荷值的50%～100%）。

2. 保护用互感器准确级

保护用电流互感器主要是在系统短路时工作，在额定一次电流范围内的准确级不如测量级高，为保证保护装置正确动作，要求保护用电流互感器在可能出现的短路电流范围内，最大误差限值不超过10%。

保护用电流互感器按用途可分为稳态保护用（P）和暂态保护用（TP）两类。

（1）P类电流互感器。220kV 及以下系统一般保护宜选用不考虑瞬态误差而只保证稳态误差的稳态保护用电流互感器（P类）。

1）误差要求。一是在额定一次电流和额定二次负荷下的电流误差不超过规定值。二是在额定准确限值一次侧电流下的复合误差不超过规定限值。

复合误差是指二次电流瞬时值 $K_i i_2$ 与一次侧电流瞬时值 i_1 之差的有效值，通常以一次侧电流 I_1 有效值的百分数表示，即 $\varepsilon\% = -\dfrac{100}{I_1}\sqrt{\dfrac{1}{T}\int_0^T (K_i i_2 - i_1)^2 \mathrm{d}t}$ 。

2）分类：分为 P、PR。PR 类是一种限制剩磁系数的"低剩磁保护级"电流互感器，常用于 220kV 变压器差动保护和 100～200MW 发电机变压器组保护及大容量电动机差动保护。

3）准确度等级：5P、10P、5PR、10PR。其中 5、10 指复合误差为 5%、10%。稳态保护用互感器准确级和误差见表1-3。

表1-3　　　　　　稳态保护用互感器准确级和误差表

准确级	电流误差（±%）	相位差（±′）	复合误差（%）
	在额定一次电流下		在额定准确限值一次电流下
5P，5PR	1.0	60	5.0
10P，10PR	3.0	—	10.0

4）额定准确限值一次电流和准确限值系数。是表征保护用电流互感器反应电网短路电流能力的重要参数，且希望足够大。

电流互感器随着短路电流增大，误差逐渐增大，当流过互感器短路电流达到某一数值时，复合误差达到对应准确限值（5%或10%），短路电流再增大，误差将超过限值，难以保证保护可靠动作。

额定准确限值一次电流：复合误差等于准确限值的一次短路电流。

额定准确限值系数：额定准确限值一次电流与额定一次电流比值。准确限值系数的标准值：5、10、15、20、30等。如：5P10与10P20等，其中10、20指的是准确限值系数。

（2）TP类电流互感器。330～500kV系统线路负荷大，为确保系统稳定，需要快速切除故障，并配有综合重合闸，要求互感器在暂态过程有足够的准确度等级（误差不大于1%），不受短路电流直流分量的影响。

高压侧为330～500kV变压器差动保护、300MW及以上发电机变压器组差动保护用的电流互感器，由于一次系统时间常数较大（100ms以上），互感器暂态饱和较严重，易导致保护误动和拒动。

1）分类：暂态保护用TP类电流互感器的准确度等级常用的有TPX、TPY、TPZ三个级别，且TP类电流互感器的铁芯比P类的铁芯截面大许多倍，才能保证在瞬态过程中有一定的准确度，暂态保护用互感器准确级和误差见表1-4。

表1-4　　　　　　　　暂态保护用互感器准确级和误差表

准确级	电流误差（%）	相位差（′）	在准确限值条件下最大峰值瞬时误差（%）
	在额定一次电流下		
TPX	±0.5	±30	10
TPY	±1	±60	10
TPZ	±1	180±18	10

2）应用。

TPX级互感器：铁芯不带气隙，由于是闭合铁芯，静态剩磁较大，在短路暂态过程中，特别是在重合闸后的重复励磁下铁芯容易饱和，致使二次侧电流畸变，暂态误差显著增大，一般不用于主保护，可用于某些后备保护。

TPY级互感器：铁芯带有小气隙，气隙长度约为磁路平均长度的0.05%，由于气隙使铁芯不易饱和，有利于直流分量的快速衰减，主要用于主保护，如330～500kV线路保护、高压侧为330～500kV的降压变压器差动保护和300MW及以上发电机变压器组差动保护等，不宜用于断路器失灵保护。

TPZ级互感器：铁芯有较大气隙，气隙长度约为磁路平均长度的0.1%，由于气隙较大，一般不易饱和，可显著改善互感器暂态特性，适合于输电线路快速重合闸，一般不宜用于主设备保护和断路器失灵保护。

1.8　电压互感器　A类考点

电压互感器按照工作原理可分为电磁式和电容分压式两种。

1.8.1　电磁式电压互感器特点

（1）一次绕组与被测电路并联，二次绕组与测量仪表和保护装置的电压线圈并联，电压

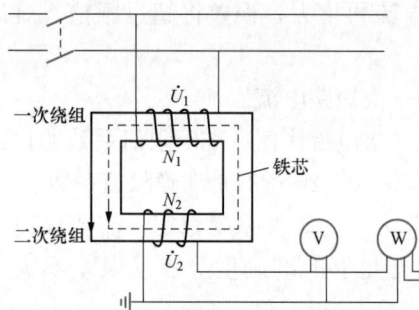

图 1-49　电压互感器原理图

互感器原理图如图 1-49 所示。

（2）一次绕组匝数很多，二次绕组匝数较少。容量小，类似一台小容量变压器，但结构上要求有较高的安全系数。

（3）二次侧仪表和继电器的电压线圈阻抗大，正常运行相当于空载下运行。

（4）为防止高低压绕组绝缘击穿，二次绕组必须有一点接地，保证人身和设备安全。

（5）二次绕组侧装熔断器（或低压断路器）起过负荷、短路保护作用，二次绕组中线上、开口三角等不装熔断器。

1.8.2　电压互感器分类

（1）按照安装地点可分为：户内式（35kV 及以下）、户外式（35kV 以上）。

（2）按照相数可分为：单相式（任意电压等级）、三相式（一般只有 20kV 以下电压等级）。

（3）按工作原理可分为：电磁式和电容分压式。

（4）按绝缘可分为：干式（6kV 以下）、浇注式（3～35kV）、油浸式、SF_6 气体绝缘等。

（5）按照绕组数可分为：双绕组、三绕组（多绕组）。

1.8.3　电压互感器误差

电压互感器在工作时，由于本身存在励磁电流和内阻抗等因素影响，使折算到一次侧的二次电压 $\dot{U}'_2$ 与一次电压 $\dot{U}_1$ 在数值和相位上都有差异，即测量结果有两种误差——电压误差和相位差，电压互感器向量图如图 1-50 所示。

1. 电压误差 f_u

为二次电压测量值 U_2 乘上变比 K_u 所得的一次电压近似值 $K_u U_2$ 与一次电压实际值 U_1 之差相对于 U_1 的百分数。

$$f_u = \frac{K_u U_2 - U_1}{U_1} \times 100(\%)$$

误差因素包括空载电流 I_0 在一次绕组上的电压损耗 $I_0 r_1 \sin\psi + I_0 x_1 \cos\psi$ 和二

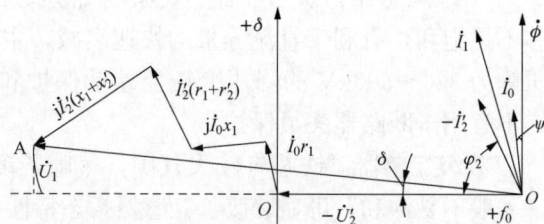

图 1-50　电压互感器向量图

次侧负荷电流 I'_2 在电压互感器一次和二次绕组阻抗上的电压损耗 $I'_2 (r_1 + r'_2) \cos\varphi_2 + I'_2 (x_1 + x'_2) \sin\varphi_2$。

$$f_u = \frac{K_u U_2 - U_1}{U_1} \times 100(\%)$$

$$= -\left[\frac{I_0 r_1 \cos\psi + I_0 x_1 \sin\psi}{U_1} + \frac{I'_2 (r_1 + r'_2)\cos\varphi_2 + I'_2 (x_1 + x'_2)\sin\varphi_2}{U_1} \right] \times 100(\%)$$

2. 相位差 δ_u

为旋转 180°的二次电压相量 $-\dot{U}'_2$ 与一次电压相量 $\dot{U}_1$ 之间的夹角。

$$\delta_u \approx \sin\delta_u = \left[\frac{I_0 r_1 \cos\psi - I_0 x_1 \sin\psi}{U_1} + \frac{I'_2(r_1 + r'_2)\sin\varphi_2 - I'_2(x_1 + x'_2)\cos\varphi_2}{U_1}\right] \times 3440(')$$

规定 $-\dot{U}'_2$ 超前 $\dot{U}_1$ 时，δ_u 为正值。

3. 影响误差因素

（1）电压互感器结构（铁芯）：采用高导磁率的冷轧硅钢片做铁芯可减小励磁电流，减小激磁电流 I_0 和内阻抗，误差减小。

（2）在一次电压 U_1 和负载功率因数 $\cos\varphi_2$ 不变的情况下，二次负载增加（二次电流增大），电压误差线性增大，相位误差一般也线性增大，因此必须将二次负载限制在额定二次容量范围内；当二次负载 $\cos\varphi_2$ 减小（即二次侧相电压与电流相位差增加），相位误差增大。

（3）电压误差能引起所有测量仪表和继电器产生误差，相位差只对功率型测量仪表和继电器及反映相位的保护装置有影响。

1.8.4 电压互感器的准确级

在规定的一次电压和二次负载变化范围内，负荷功率因数为额定值时，最大电压误差的百分数。电压互感器准确级和误差见表 1-5。

表 1-5　　　　　　　　　电压互感器准确级和误差表

用途	准确级	误差限值		一次电压变化范围	二次负荷、功率因数变化范围
		电压误差（±%）	相位差（±'）		
测量	0.2	0.2	10	$(0.8 \sim 1.2) U_{1N}$	$(0.25 \sim 1) S_{N2}$ $\cos\varphi_2 = 0.8$
	0.5	0.5	20		
	1	1.0	40		
	3	3.0	不规定		
保护	3P	3.0	120	$(0.05 \sim 1) U_{1N}$	
	6P	6.0	240		
剩余绕组	6P	6.0	240		

1.8.5 电容式电压互感器

电磁式电压互感器电压等级越高对绝缘要求也越高，体积越庞大，成本随之增加，给布置和运行带来不便。

1. 工作原理

电容式电压互感器工作原理如图 1-51 所示。

（1）电容分压原理，如图 1-51（a）所示。

$$\dot{U}_2 = \dot{U}_{C_2} = \frac{C_1}{C_1 + C_2}\dot{U}_1 = K\dot{U}_1$$

式中，分压比为 $K = \dfrac{C_1}{C_1 + C_2}$

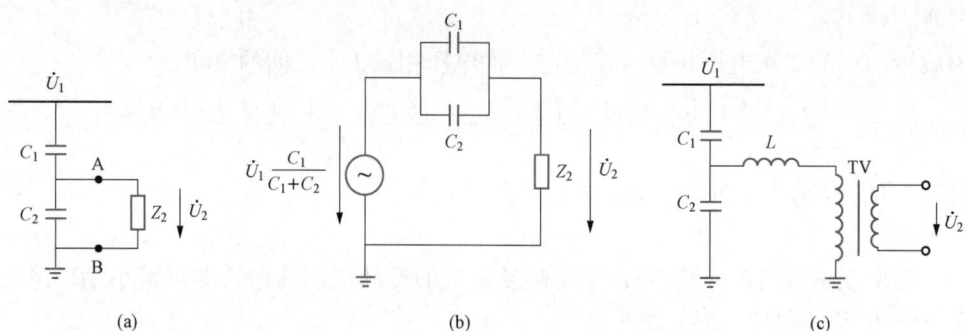

图 1-51　电容式电压互感器工作原理

(a) 电容分压原理；(b) 等效含源—端口网络；(c) 串联补偿电感

(2) 等效含源—端口网络，如图 1-51 (b) 所示。内阻抗 $Z_i = \dfrac{1}{j\omega(C_1+C_2)}$，当负载电流流过时，在 Z_i 上产生压降，使 U_{C_2} 和 $\dfrac{C_1}{C_1+C_2}U_1$ 在数值和相位上产生误差，负载电流越大，误差越大。

(3) 串联补偿电感，如图 1-51 (c) 所示。为减小 Z_i 减小误差，串联补偿电感 L。

$$Z_i = j\omega L + \frac{1}{j\omega(C_1+C_2)} = j\left[\omega L - \frac{1}{\omega(C_1+C_2)}\right]$$

当 $\omega L = \dfrac{1}{\omega(C_1+C_2)}$，即 $L = \dfrac{1}{\omega^2(C_1+C_2)}$ 时，$Z_i = 0$。

输出电压与负荷大小无关，误差最小。由于电容器有损耗、电抗器也有电阻，不可能使内阻抗为零，仍存在误差。

减小分压器输出电流，可减小误差，测量仪表需经中间电磁式电压互感器升压后与分压器连接。

2. 基本结构

电容式电压互感器基本结构原理如图 1-52 所示。

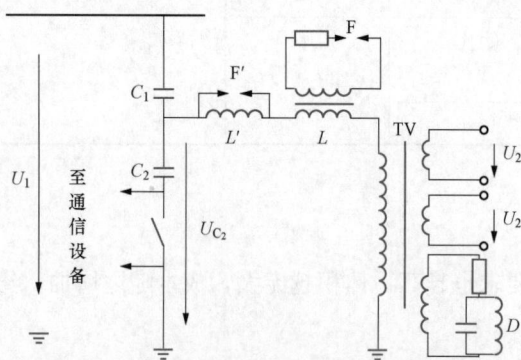

图 1-52　电容式电压互感器基本结构原理图

(1) 二次侧发生短路时，短路电流可达额定电流的几十倍，此电流将产生很高的谐振过电压，为此在电容 L'、L 上并联放电间隙。

(2) 在一次电压或二次电流剧变时（二次短路或断开等冲击），由于非线性电抗（TV 的一次绕组）的饱和，可能激发产生分数次谐波（常见的是 1/3 次谐波）铁磁谐振过电压和大电流，对互感器、仪表和继电器将造成危害，并可能导致保护装置误动作（电压互感器开口三角形绕组会出现零序电压）。为了抑制次谐波的产生，常在互感器二次侧设阻尼电阻 D，目前有经常接入和谐振时自动接入两种方式。图中所示为谐振阻尼器，它由一个电感和一个电容并联而后与阻尼电阻串联构成。

3. 优点

结构简单、质量轻、体积小、占地小、成本低。

4. 缺点

输出容量小、误差大；当环境温度和频率变动时，对误差影响较大；暂态特性不如电磁式。

5. 应用

110kV 及以上电压等级。110~220kV 当准确级和容量满足要求的前提下，优先选用电容式电压互感器，500kV 均为电容式。

习题

1. 关于火力发电厂描述错误的是（　　）。

A. 单位千瓦投资成本高于水电站

B. 由燃烧系统、汽水系统和电气系统组成

C. 最大负荷利用小时数低于同功率的核电站

D. 热电厂效率比凝汽式汽轮机发电厂效率高

2. 关于水力发电厂描述错误的是（　　）。

A. 发电成本低

B. 属于清洁的可再生能源

C. 抽水蓄能电厂能提高火电设备的利用率

D. 混合式水电厂兼有坝后式和河床式水电厂的特点

3. 停电会引起区域性电网解列的是（　　）。

A. 枢纽变电站　　　　　　　　　　B. 中间变电站

C. 地方变电站　　　　　　　　　　D. 终端变电站

4. 属于电气二次设备的是（　　）。

A. 断路器　　　　　　　　　　　　B. 继电器

C. 电流互感器　　　　　　　　　　D. 电容器

5. 能够提高断路器介质强度恢复速度的是（　　）。

A. 采用多断口灭弧　　　　　　　　B. 断路器触头并联电容

C. 断路器触头并联电阻　　　　　　D. 断路器触头串联补偿电感

6. 关于高压断路器的描述错误的是（　　）。

A. 主要由灭弧室、绝缘支撑部件、操动机构和基座组成

B. 能接通和断开正常工作电流、能快速切除过负荷电流和故障电流

C. 操动机构主要有电磁型操动机构、弹簧型操动机构、液压型操动机构

D. 六氟化硫断路器结构复杂、工艺及密封要求严格、断口开距小、不检修间隔期长

7. 隔离开关不能用于（　　）。

A. 接通或断开负载电路　　　　　　B. 分合有电压、无负荷电流的线路

C. 隔离电源，保证检修安全　　　　D. 关合电容电流不超过 5A 的空载线路

8. 对负荷开关的描述错误的是（　　）。

A. 比断路器的可靠性低

B. 只能开闭负荷电流，不能用于断开短路故障电流

C. 是一种带有专用灭弧触头、灭弧装置和弹簧断路装置的分合开关

D. 一般应与高压熔断器配合使用，由后者来担任切断短路故障电流的任务

9. 关于电流互感器描述错误的是（　　）。

A. 误差与一次电流大小有关

B. 220kV 及以下系统，一般选择稳态保护用电流互感器

C. 二次开路时，将感应出很高的尖顶波电势，危及人身安全、仪表继电器绝缘

D. 对工作电流变化范围较大的线路及高压、超高压电网中，推荐采用带 TP 类电流互感器

10. 关于电压互感器描述错误的是（　　）。

A. 二次负载增加，电压误差增大

B. 二次侧相当于开路运行，不允许短路运行

C. 电容分压式电压互感器串联补偿电感可抑制铁磁谐振过电压

D. 电容式电压互感器结构简单、体积小、成本低，适用于 110kV 及以上电压等级

第2章

电气主接线的形式、特点及倒闸操作

2.1 电气主接线的基本要求和设计程序 B 类考点

在发电厂等电力系统中，为了满足预定的电能量传送和系统运行等要求而设计的，表明了各种电气设备之间相互连接关系的传送电能量的电路，称为电气主接线。

主接线代表了发电厂或变电站高电压、大电流的电气部分主体结构，是电力系统网络结构的重要组成部分。主接线图是将电气设备以规定的图形和文字符号，按电能生产、传输、分配顺序及相关要求绘制的单相接线图。电气主接线直接影响电力生产运行的可靠性、灵活性和经济性，是电气设备选择、配电装置布置、继电保护、自动装置和控制方式等设计的原则和基础。

2.1.1 电气主接线的基本要求

1. 可靠性

安全可靠是电力生产的首要任务，保证供电可靠是主接线最基本的要求。停电不仅使发电厂造成损失，而且给国民经济各部门带来的损失将更加严重。

可靠性是指电气主接线系统在规定的条件下和规定的时间内，按照一定的质量标准和要求，不间断地向电力系统提供或传送电能量的能力。

(1) 电气主接线可靠性应注意的问题。在分析电气主接线的可靠性时，要考虑发电厂和变电站在系统中的地位和作用、用户的负荷性质和类别、设备制造水平及运行经验等诸多因素。

1) 发电厂或变电站在电力系统中的地位和作用。各发电厂和变电站的电气主接线可靠性，应与该电厂和变电站接入的电力系统相适应。

2) 负荷性质和类别。担任基荷的发电厂年利用小时数在 5000h 以上，主要供给Ⅰ、Ⅱ类负荷用电，应以供电可靠性为主设计电气主接线，且保证有两路电源供电。担任调峰的发电厂年利用小时数在 3000h 以下，应以供电调度灵活性为主设计电气主接线。担任腰荷的发电厂年利用小时数在 3000～5000h，其接线的可靠性需要进行综合分析。

3) 设备的制造水平。主接线的可靠性在很大程度上取决于设备的可靠程度，采用可靠性高的电气设备可以简化接线。

4) 长期运行实践经验。主接线可靠性与运行管理水平、运行值班人员的素质等关系密切，衡量可靠性的客观标准是运行实践。国内外长期运行经验的积累，经过总结均反映于相关的技术规程、规范之中，在设计时均应予以遵循。

(2) 电气主接线可靠性的具体要求。

1) 断路器检修时，不宜影响对系统供电。

2) 线路、断路器或母线故障时，以及母线或母线隔离开关检修时，尽量减少停运出线回路数和停电时间，并能保证对全部 I 类及全部或大部分 II 类用户的供电。

3）尽量避免发电厂或变电站全部停电的可能性。

4）大型机组突然停运时，不应危及电力系统稳定运行。

在可靠性分析中，最主要的基础统计数据是断路器的可靠性，其主要指标是故障率、可用系数和平均修理小时数。评估供电可靠性的主要指标有停电频率、每次停电的持续时间及用户在停电时的生产损失。

2. 灵活性

电气主接线应能适应各种运行状态，并能灵活地进行运行方式转换，应满足在操作、调度、检修及扩建时的灵活性。

（1）操作的方便性。主接线在满足可靠性的基本要求条件下，接线简单，操作方便，尽可能地使操作步骤少，以便于运行人员掌握，不致在操作过程中出差错。

（2）调度的方便性。主接线在正常运行时，要能根据调度要求，方便地改变运行方式；在发生事故时，要能尽快地切除故障，使停电时间最短，影响范围最小，不致过多地影响对用户的供电和破坏系统的稳定运行。

（3）检修的方便性。可以方便地停运断路器、母线及其继电保护设备，进行安全检修而不致影响电力网的运行和对用户的供电。

（4）扩建的方便性。扩建时，可以容易地从初期接线过渡到最终接线。在不影响连续供电或停电时间最短的情况下，投入新装机组、变压器或线路而不互相干扰，并且对一次和二次部分的改建工作量最少。

3. 经济性

在设计电气主接线时，可靠性和经济性之间往往是矛盾的，通常的设计原则是电气主接线在满足可靠性、灵活性要求的前提下做到经济合理。

（1）节省一次投资。主接线应简单清晰，并要适当采用限制短路电流的措施，以节省开关电器数量、选用价廉的电器或轻型电器，降低投资。

（2）占地面积少。主接线设计要为配电装置布置创造节约土地的条件，尽可能使占地面积少；同时应注意节约搬迁费用、安装费用和外汇费用。对大容量发电厂或变电站，在可能和允许条件下采取一次设计，分期投资、投建，尽快发挥经济效益；厂址条件受限时，可通过选择电气设备节省占地面积。例如，采用三相一体变压器、罐式断路器、GIS、HGIS 等设备。

（3）电能损耗少。在发电厂或变电站中，电能损耗主要来自变压器，应经济合理地选择变压器的型式、容量和台数，尽量避免两次变压而增加电能损耗。合理选择导体，以降低导体电能损耗。

2.1.2　电气主接线的设计程序

电气主接线的设计程序一般分为初步可行性研究、可行性研究、初步设计、施工图设计四个阶段。

初步可行性研究。提出建厂（站）的必要性、负荷及出线条件等，提供拟建厂（站）的地址、规模等，编制项目建议书。

可行性研究。提出电气主接线方案，设备选型与布置等资料，编制设计任务书。

初步设计。提出主要技术原则和建设标准，主要设备的投资概算，组织主要设备订货。

施工图设计。提出符合要求的施工图和说明书，满足施工、安装和订货要求。

1. 原始资料分析

(1) 工程情况，包括发电厂类型，设计规划容量，单机容量及台数，最大负荷利用小时数及可能的运行方式等，会直接影响着主接线设计。

(2) 电力系统情况，包括电力系统近期及远景发展规划，发电厂或变电站在电力系统中的地位及作用，本期工程的近期和远景与电力系统连接方式，以及各级电压中性点接地方式等。

(3) 负荷情况，包括负荷的性质及其地理位置、输电电压等级、出线回路数及输送容量等。

(4) 环境条件，包括当地的气温、湿度、覆冰、污秽、海拔高度及地震等因素，对主接线中电气设备的选择和配电装置的实施均有影响。

(5) 设备供货情况，这往往是主接线设计方案能否成立的重要前提。为使所设计的主接线方案具有可行性，必须对各主要电气设备的性能、制造能力和供货情况、价格等资料汇集并分析比较。

2. 主接线方案的拟定与选择

根据设计任务书的要求，在原始资料分析的基础上，拟定若干主接线方案。从技术上论证并淘汰一些明显不合理的方案，最终保留 2～3 个技术上相当、又都能满足任务书要求的方案，再进行经济比较。

3. 短路电流计算和主要电气设备选择

按不同电压等级各类电气设备选择与校验的要求，确定电气主接线的各短路计算点，进行短路电流计算，并合理选择电气设备。

4. 绘制电气主接线图

将最终确定的电气主接线按工程要求绘制施工图。

5. 编制工程概算

工程概算不仅反映工程设计的经济性与可靠性的关系，而且为合理地确定和有效控制工程造价创造条件，为工程付诸实施、招标承包等提供基础。

2.2　电气主接线基本接线形式　A类考点

电气主接线分为有汇流母线的接线和无汇流母线的接线。

有汇流母线的接线形式的基本环节是电源、母线和出线（馈线）。母线是中间环节，作用是汇集和分配电能，使接线简单清晰，运行、检修灵活方便，有利于安装和扩建。有母线的接线形式使用的开关电器较多，配电装置占地面积较大，投资较大，母线故障或检修时影响范围较大，适用于进出线较多（一般超过 4 回时）并且有扩建和发展可能的发电厂和变电站。

有汇流母线的接线包括单母线与单母线分段接线、双母线与双母线分段接线、3/2 断路器接线、4/3 断路器接线、变压器—母线接线等。

　　无汇流母线的接线使用开关电器较少，配电装置占地面积较小，通常用于进出线回路少，不再扩建和发展的发电厂或变电站。

　　无汇流母线的接线包括单元接线、桥形接线、角形接线等。

　　电气主接线形式，决定于发电厂在电力系统的地位、负荷的重要性、出线电压等级及回路数、设备特点、发电厂单机容量和规划容量，以及对运行稳定性、可靠性、灵活性、经济性的要求等条件。

2.2.1　单母线接线及单母线分段接线

1. 单母线接线

单母线接线如图 2-1 所示。

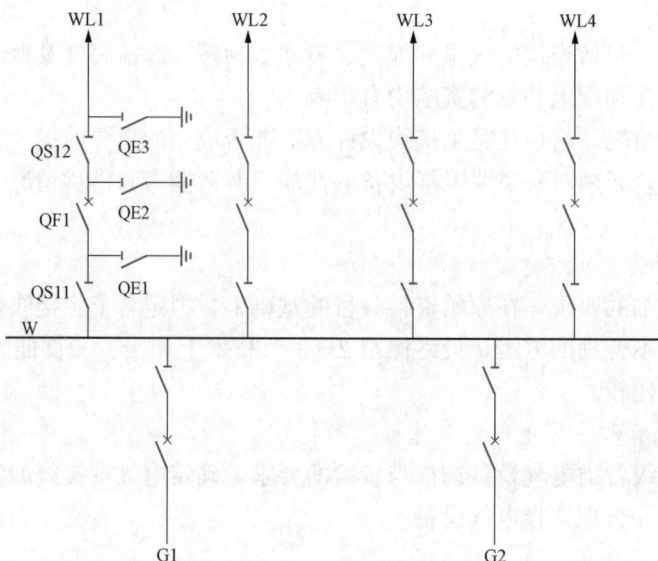

图 2-1　单母线接线

G—电源（发电机或变压器）进线；QF—断路器；QS—隔离开关；W—母线；QE—接地开关；WL—出线（馈线）

　　（1）接线特点。

　　1）供电电源在发电厂是发电机或变压器，在变电站是变压器或高压进线回路。

　　2）母线既可保证电源并列工作，又能使任一条出线都可以从任一个电源获得电能。各出线回路输送功率不一定相等，应尽可能使负荷均衡地分配于母线上，以减少功率在母线上的传输。

　　（2）断路器与隔离开关配置。

　　1）每条回路均应装设断路器和隔离开关，靠近母线侧的隔离开关称为母线隔离开关，靠近线路侧的称为线路隔离开关。

　　2）在断路器可能出现电源的一侧或两侧均应配置隔离开关，以便检修断路器时隔离电源。若馈线的用户侧没有电源，线路侧可不装隔离开关。隔离开关造价不大，可防止检修期间雷电过电压，保证检修安全。

　　3）若电源是发电机，则发电机与其出口断路器之间可以不装隔离开关，该断路器的检修必然停机，有时为了便于对发电机单独进行调整和试验，也可以装设隔离开关。

（3）接地开关或接地器配置。

1）110kV 及以上电压等级配电装置，断路器两侧的隔离开关和线路隔离开关的线路侧，变压器进线隔离开关的变压器侧，均应配置接地开关。

2）图 2-1 中线路隔离开关 QS12 线路侧的接地开关 QE3，用于线路检修时替代临时安全接地线。

3）35kV 及以上的母线，在每段母线上亦应设置 1～2 组接地开关或接地器，以保证电器和母线检修时的安全。

为避免发生接地开关接地状态下误合主闸刀的事故，主闸刀与接地开关之间设置机械连锁装置。

（4）操作原则。隔离开关没有灭弧装置，必须在断路器断开的情况下或等电位情况下才能进行操作。

1）接通电路（送电）操作：先合断路器两侧的隔离开关，再合断路器。如图 2-1 中对馈线 WL1 送电时，应先合上母线隔离开关 QS11，再合上线路隔离开关 QS12，然后再合上断路器 QF1。

2）切断电路（停电）操作：先断开断路器，再断开断路器两侧的隔离开关。如图 2-1 所示中对馈线 WL1 停电时，应先断开断路器 QF1，再断开线路隔离开关 QS12、然后再断开母线隔离开关 QS11。

这样的操作顺序遵守了两条基本原则。一是防止隔离开关带负荷合闸或拉闸。二是防止了在断路器处于合闸状态下，误操作隔离开关的事故不发生在母线隔离开关上，以避免误操作的电弧引起母线短路事故；反之，误操作发生在线路隔离开关时，造成的事故范围及修复时间将大为缩小。

（5）电气设备工作状态：运行、备用（冷备用、热备用）和检修三种工作状态。

（6）倒闸操作：由于正常供电的需要或故障的发生，而转换设备工作状态的操作称为"倒闸操作"。

（7）防误操作：为了防止误操作，除严格按照操作规程实行操作票制度外，还应对隔离开关和相应的断路器加装电磁闭锁、机械闭锁或防误操作的电脑钥匙。

（8）优点：简单清晰、设备少、操作方便、经济性好、便于扩建。

（9）缺点：可靠性、灵活性差。

1）可靠性差：任一回路断路器检修，该回路停电；母线或母线隔离开关故障或检修时，均需使整个配电装置停电。

2）调度不方便，电源只能并列运行，不能分列运行，线路侧发生短路时，有较大的短路电流。

（10）适用范围：一般只用在出线回路少，并且没有重要负荷的发电厂和变电站中。

1）6～10kV 配电装置，出线回路数不超过 5 回。

2）35～63kV 配电装置，出线回路数不超过 3 回。

3）110～220kV 配电装置，出线回路数不超过 2 回。

2. 单母线分段接线

单母线分段接线如图 2-2 所示，单母线用断路器 QFD 分段，提高供电可靠性和灵活性。

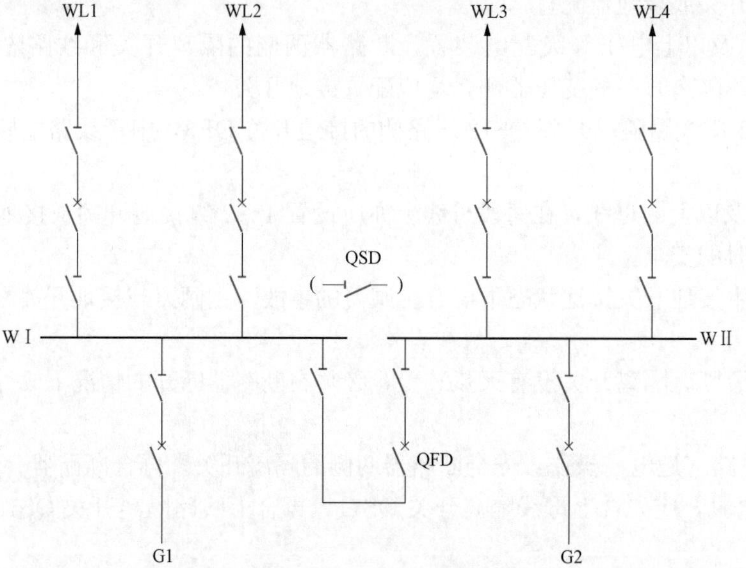

图 2-2　单母线分段接线

（1）优点。

1）对重要负荷可由不同母线段分别引出一个回路，由两个电源供电，提高了可靠性。

2）当一段母线发生故障，分段断路器自动将故障段隔离，保证正常段母线不间断供电，不致使重要用户停电。

3）在可靠性要求不高时，亦可用隔离开关 QSD 分段，当任一段母线故障时，将造成两段母线同时停电，判别故障后，断开 QSD，完好段即可恢复供电。

4）为了限制短路电流，简化继电保护，在降压变电站中，采用单母线分段接线时，低压侧母线分段断路器常处于断开状态，电源是分列运行的。为了防止因电源断开而引起的停电，应在分段断路器 QFD 上装设备用电源自动投入装置，任一分段的电源断开时，QFD 将自动接通。

5）分段的数目，取决于电源数量和容量。段数分得越多，故障时停电范围越小，但使用断路器的数量亦越多，且配电装置和运行也越复杂，通常以 2～3 段为宜。

（2）缺点。

1）一段母线或母线隔离开关故障或检修时，该段母线上所有回路均停电。

2）分段断路器故障时，将导致全厂（站）停电。

（3）适用范围。

1）小容量发电厂的发电机电压配电装置，一般每段母线上所接发电机容量为 12MW 左右，每段母线上出线不多于 5 回。

2）变电站有两台主变压器的 6～10kV 配电装置。

3）35～63kV 配电装置出线回路数为 4～8 回。

4）110～220kV 配电装置出线回路数为 3～4 回。

2.2.2 双母线接线及双母线分段接线

1. 双母线接线

每一电源和出线回路均装有一台断路器，有两组母线隔离开关，分别接到两组母线上，其中一组隔离开关闭合，另一组隔离开关断开；两组母线通过母线联络断路器（简称母联断路器）QFC 联络。图 2-3 所示为双母线接线，有两组母线后，与单母线相比，投资有所增加，但提高了供电的可靠性和灵活性。

（1）供电可靠。双母线接线的供电可靠性高于单母线接线。

1）通过两组母线隔离开关的倒换操作，可轮流检修一组母线而不中断供电。

如图 2-3 所示，若 WⅠ母线运行、WⅡ母线冷备用，按单母线接线运行，检修 WⅠ母线操作如下：

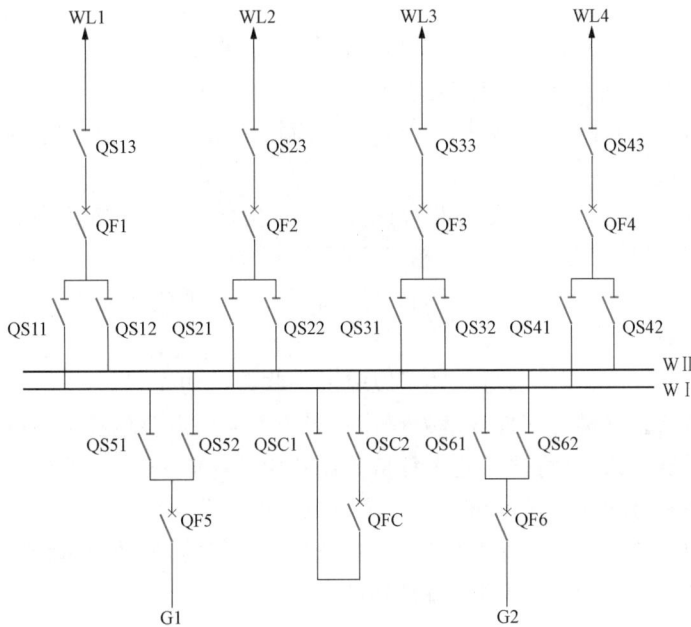

图 2-3　双母线接线

合上 QSC1、合上 QSC2、合上 QFC；合上 QS52、断开 QS51；合上 QS12、断开 QS11；合上 QS22、断开 QS21；合上 QS62、断开 QS61；合上 QS32、断开 QS31；合上 QS42、断开 QS41；断开 QFC、断开 QSC1、断开 QSC2。

如图 2-3 所示，若 WL1、WL2、G1 运行在 WⅠ母线，WL3、WL4、G2 运行在 WⅡ母线，母联断路器 QFC 闭合，相当于单母线分段运行。

检修 WⅠ母线操作如下：

合上 QS52、断开 QS51；合上 QS12、断开 QS11；合上 QS22、断开 QS21；断开 QFC、断开 QSC1、断开 QSC2。

2）一组母线故障后，能迅速恢复供电。

如图 2-3 所示，WL1、WL2、G1 运行在 WⅠ母线，WL3、WL4、G2 运行在 WⅡ母线，母联断路器 QFC 闭合，相当于单母线分段运行。若 WⅠ母线故障，则 G1、WL1、WL2 停电，断路器 QF1、QF2、QF5、QFC 跳闸。

恢复供电操作如下：

断开 QS51、合上 QS52、合上 QF5；断开 QS11、合上 QS12、合上 QF1；断开 QS21、合上 QS22、合上 QF2。

3）检修任一回路的母线隔离开关时，只需断开此隔离开关所属的一条电路和与此隔离开关相连的该组母线，其他电路均可通过另一组母线继续运行。

如图 2-3 所示，若 WL1、WL2、G1 运行在 WI 母线，WL3、WL4、G2 运行在 WII 母线，母联断路器 QFC 闭合，相当于单母线分段运行。

检修 QS11 操作如下：

首先将 WI 母线上的电源和负荷倒到 WII 母线，对 WL1 线路停电，对 WI 母线停电。

合上 QS52、断开 QS51；合上 QS22、断开 QS21；断开 QF1、断开 QS13、断开 QS11；断开 QFC、断开 QSC1、断开 QSC2。

（2）调度灵活。各电源和各回路负荷可以任意分配到某一组母线上，能灵活地适应电力系统各种运行方式下调度和潮流变化需要。

1）当母联断路器断开，一组母线运行，一组母线备用，全部进出线均接在运行母线上，相当于单母线运行。

2）两组母线同时工作，并且通过母联断路器并列运行，电源和负荷平均分配到两组母线上，称之为"固定连接方式"运行，相当于单母线分段运行。

3）有时为了系统的需要，亦可将母联断路器断开（处于热备用状态），两组母线同时运行，以限制短路电流。

4）根据系统调度的需要，双母线还可以完成一些特殊功能。

用母联断路器与系统进行同期或解列操作；当个别回路需要单独进行试验时（如发电机或线路检修后需要试验），可将该回路单独接到备用母线上运行；当线路利用短路方式熔冰时，亦可用一组备用母线作为熔冰母线，不致影响其他回路工作等。

（3）扩建方便。向双母线的左右任何方向扩建，均不会影响两组母线的电源和负荷自由组合分配，在施工中也不会造成原有回路停电。

（4）缺点。

1）当母线故障或检修时，隔离开关作为倒换操作电器，容易误操作。

2）当一组母线故障时仍短时停电，影响范围较大。

3）当母线联络断路器故障时，导致全厂（站）停电。

4）当一组母线检修，另一组母线故障［或任一进、出线故障而其断路器拒动或保护拒动，将导致全厂（站）停电］。

（5）适用范围。

1）进出线回路数较多、容量较大、出线带电抗器的 6～10kV 配电装置。

2）35～63kV 出线数超过 8 回，或连接的电源较大、负荷较大时。

3）110kV 出线数为 6 回及以上；220kV 出线数为 4 回及以上时（或 110～220kV 配电装置，出线回路数为 5 回及以上或在电力系统中居重要地位、出线回路数为 4 回及以上时）。

2. 双母线分段接线

双母线分段接线如图 2-4 所示。

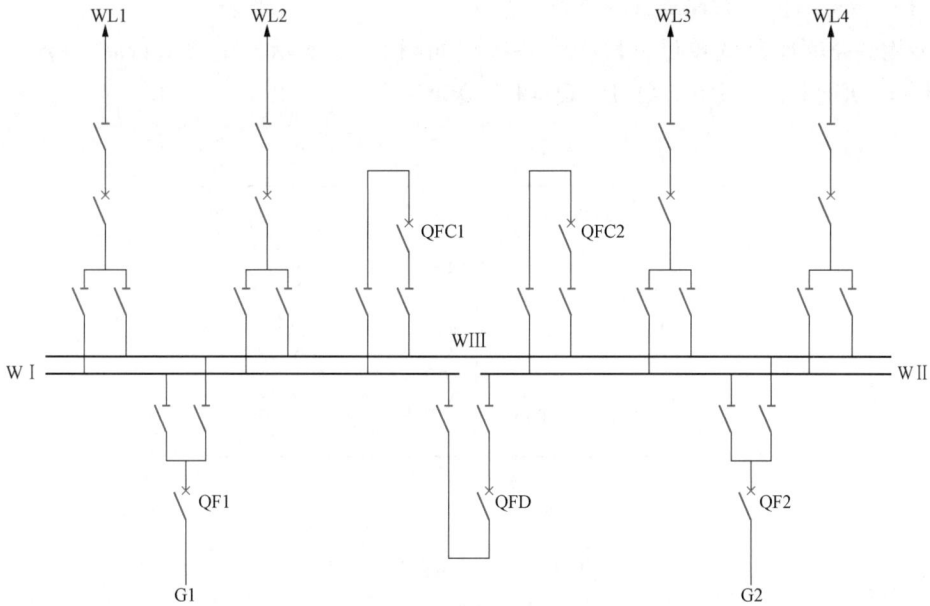

图 2-4 双母线分段接线

（1）优点。可靠性高于双母线接线。

当一段工作母线发生故障后，在继电保护作用下，分段断路器 QFD 先自动跳开，而后将故障段母线所连的电源回路的断路器跳开，该段母线所连的出线回路停电；随后，将故障段母线所连的电源回路和出线回路切换到备用母线上，即可恢复供电。这样，只是部分短时停电，而不必全部短期停电。

双母线分段接线不仅具有双母线接线的各种优点，并且任何时候都有备用母线，可靠性和灵活性较高。

（2）缺点。比双母线多用 2 台（3 台）断路器，投资大。

（3）适用范围。

1）中小发电厂的发电机电压配电装置及变电站 6～10kV 配电装置，当进出线回路数或母线上电源较多，输送和通过功率较大时，为限制短路电流选择轻型设备，提高接线的可靠性常采用双母线三或四分段接线。

2）220kV 配电装置，当进出线数为 10～14 回时采用三分段（仅一组母线用断路器分段），15 回及以上时采用四分段（二组母线均用断路器分段）。

3）在 330～500kV 大容量配电装置中，出线为 6 回及以上时一般也采用类似的双母线分段接线。

2.2.3 带旁路母线的单母线和双母线接线

旁路母线作用：断路器经过长期运行和切断数次短路电流后都需要检修。为了使采用单母线分段或双母线接线的配电装置在检修断路器时，不致中断该回路供电，可增设旁路母线。

旁路母线有三种接线方式：有专用旁路断路器的旁路母线接线；母联断路器兼作旁路断路器的旁路母线接线；用分段断路器兼作旁路断路器的旁路母线接线。

1. 带专用旁路断路器的单母分段带旁路接线

带专用旁路断路器的单母分段带旁路接线如图 2-5 所示。正常运行时，QS1、QS2、QFD 闭合；QSPⅠ、QSPⅡ、QFP、QSPP、QSP1 断开。

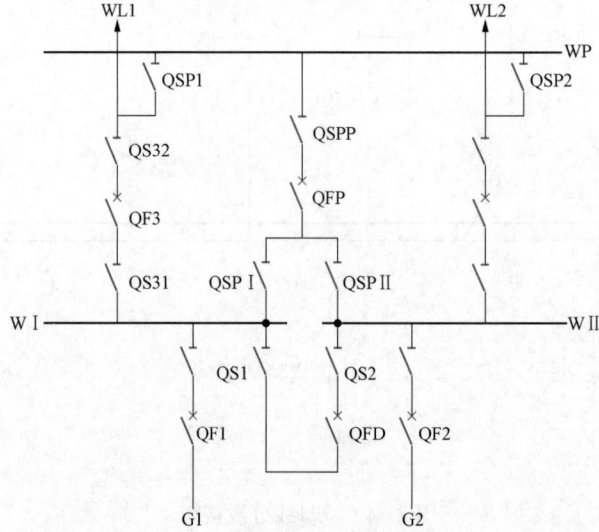

图 2-5 带专用旁路断路器的单母分段带旁路接线

检修断路器 QF3 操作如下：

合上 QSPⅠ、合上 QSPP、合上 QFP；合上 QSP1；断开 QF3、断开 QS32、断开 QS31。

2. 分段断路器兼作旁路断路器的单母分段带旁路接线

分段断路器兼作旁路断路器的接线如图 2-6 所示。正常运行时，QS1、QS2、QFD 闭合；QS3、QS4、QSD、QSP1 断开。

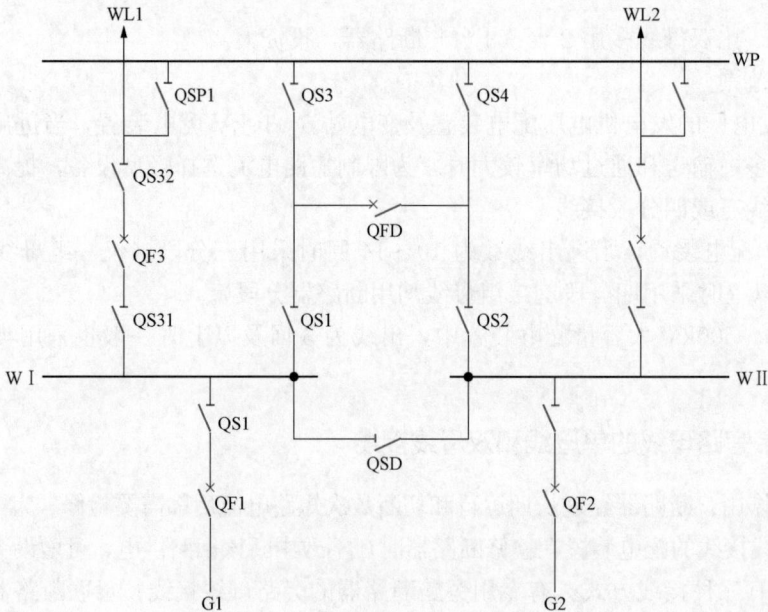

图 2-6 分段断路器兼作旁路断路器的接线

检修断路器 QF3 操作如下：

合上 QSD；断开 QFD；断开 QS2、合上 QS4、合上 QFD；合上 QSP1；断开 QF3、断开 QS32、断开 QS31。

3. 旁路断路器兼作分段断路器的单母分段带旁路接线

旁路断路器兼作分段断路器的接线如图 2 - 7 所示，正常运行时，QS1、QFP、QS3 闭合；QS2、QSP1 断开。

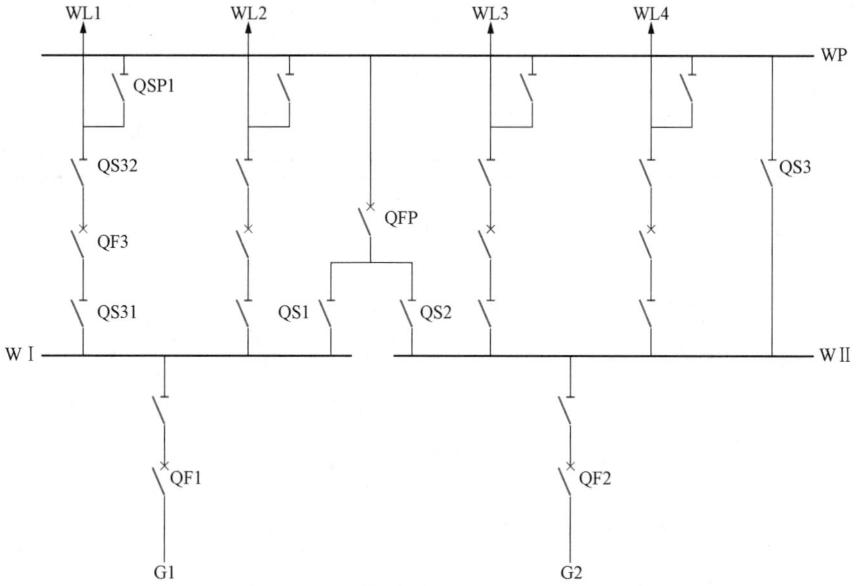

图 2 - 7　旁路断路器兼作分段断路器的接线

检修断路器 QF3 操作如下：

合上 QS2；断开 QS3；合上 QSP1；断开 QF3、断开 QS32、断开 QS31。

4. 带专用旁路断路器的双母线带旁路母线接线

带专用旁路断路器的双母线带旁路母线接线如图 2 - 8 所示，正常运行时，WL1、WL2、G1 运行在 WⅠ母线，WL3、WL4、G2 运行在 WⅡ母线，母联断路器 QFC 闭合，相当于单母线分段运行。

检修断路器 QF1 操作如下：

合上 QSP1、合上 QSP3、合上 QFP；合上 QS14；断开 QF1、断开 QS13、断开 QS11。

5. 母联断路器兼作旁路断路器或旁路断路器兼作母联断路器的双母线带旁路接线

母联断路器兼作旁路断路器或旁路断路器兼作母联断路器的双母线带旁路接线如图 2 - 9 和图 2 - 10 所示。

6. 旁路母线设置的原则

110kV 及以上高压配电装置，因电压等级高，输送功率大，送电距离远、停电影响较大，同时高压断路器检修通常需要 5～7 天，因而不允许因检修断路器而长期停电，均需要设置旁路母线，提高供电可靠性。

110kV 出线在 6 回及以上、220kV 出线在 4 回及以上时，宜采用带专用旁路断路器的旁路母线。

49

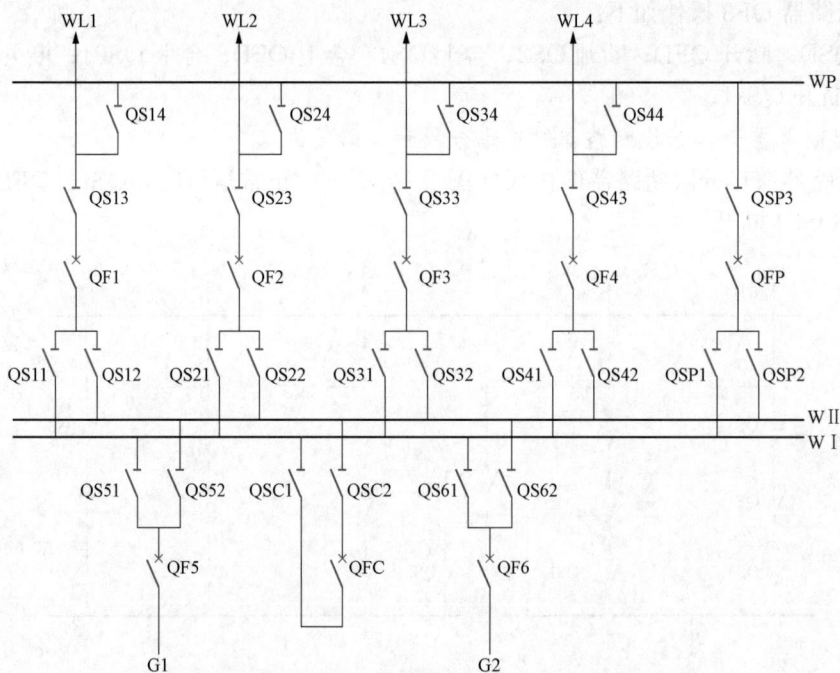

图 2-8 带专用旁路断路器的双母线带旁路母线接线

图 2-9 母联断路器兼作旁路断路器的双母线带旁路母线接线

带专用旁路断路器的接线多装了价高的断路器和隔离开关,增大了投资。

不采用专用旁路断路器的接线,可以节省投资,但检修线路断路器的倒闸操作复杂,而且在检修期间处于单母线不分段运行状况,降低了可靠性。在出线回数较少的情况下,为节

50

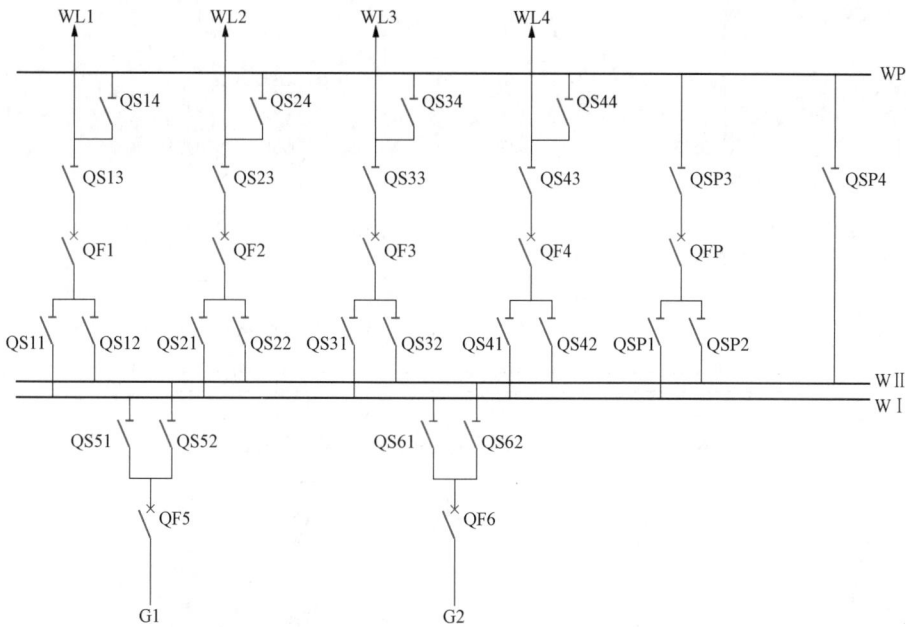

图 2-10　旁路断路器兼作母联断路器的双母线带旁路接线

省投资，采用母联断路器或分段断路器兼作旁路断路器的接线方式。

下列情况下，可不设置旁路设施。

（1）当系统条件允许断路器停电检修时（如双回路供电的负荷）。

（2）当接线允许断路器停电检修时（每条回路有两台断路器供电，如角形接线、一台半断路器接线等）。

（3）中小型水电站枯水季节允许停电检修出线断路器时。

（4）采用高可靠性六氟化硫（SF_6）断路器及封闭组合电器（GIS）时。

35～60kV 配电装置采用单母线分段接线且断路器允许无条件停电检修时，可设置不带专用旁路断路器的旁路母线；当采用双母线接线，不宜设置旁路母线，有条件时可设置旁路隔离开关。双母线带旁路隔离开关接线如图 2-11 所示；当采用 35kV 单母线手车式成套开关柜时，由于断路器可迅速置换，故可不设旁路设施。

6～10kV 配电装置一般不设置旁路母线，特别是当采用手车式成套开关柜时，由于断路器可迅速置换，可以不设旁路设施。

随着高压配电装置广泛采用 SF_6 断路器及国产断路器质量的提高，同时系统备用容量的增加、电网结构趋于合理与联系紧密、保护双重化的完善以及设备检修逐步由计划检修向状态检修过渡，为简化接线，总的趋势将逐步取消旁路设施。

2.2.4　一台半断路器接线

一台半断路器接线每两个元件（出线、电源）用三台断路器构成一串接至两组母线，称为一台半断路器接线，又称 3/2 断路器接线，如图 2-12 所示。在一串中，两个元件（进线、出线）各自经一台断路器接至不同母线，而两回路之间的断路器称为联络断路器。

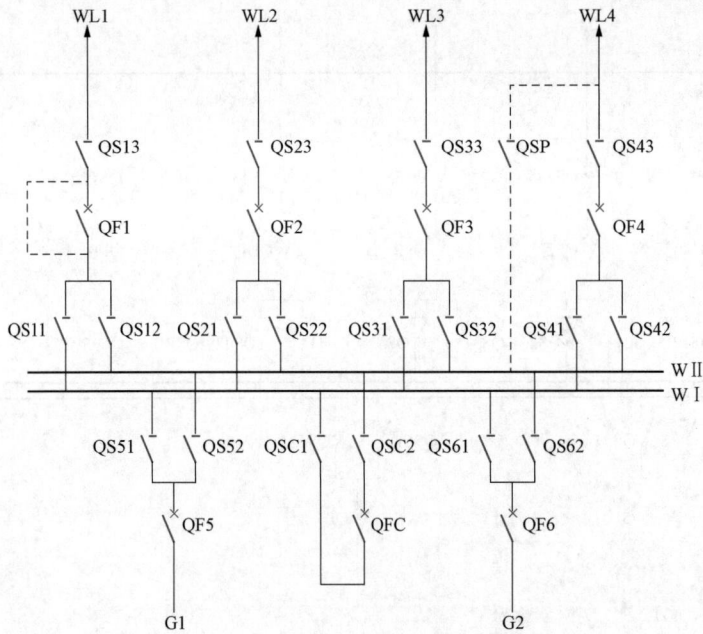

图 2-11　双母线带旁路隔离开关接线

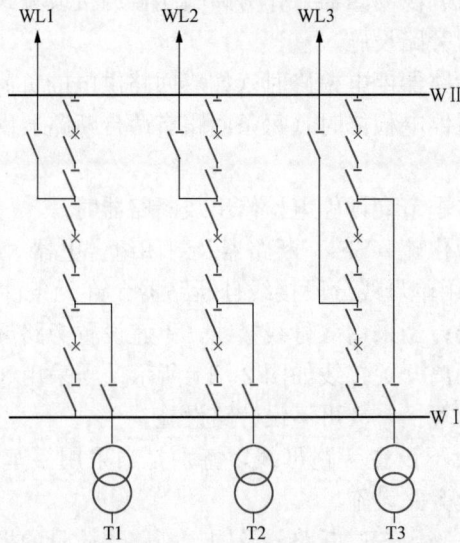

图 2-12　一台半断路器接线

1. 优点

笔记

2. 缺点

（1）对于同样规模的高压配电装置，断路器数量多于其他接线形式，设备投资较高。

（2）二次接线与继电保护复杂。

3. 适用范围

通常在 330～500kV 配电装置中，当进出线为 6 回及以上，配电装置在系统中具有重要地位，则宜采用一台半断路器接线。

4. 配置原则

（1）成串配置原则。一台半断路器接线配置原则如图 2-13 所示，电源线宜与负荷线配对成串，在同一个"断路器串"上配置一条电源回路和一条出线回路，以避免在联络断路器发生故障时，使两条电源回路或两条负荷回路同时被切除。

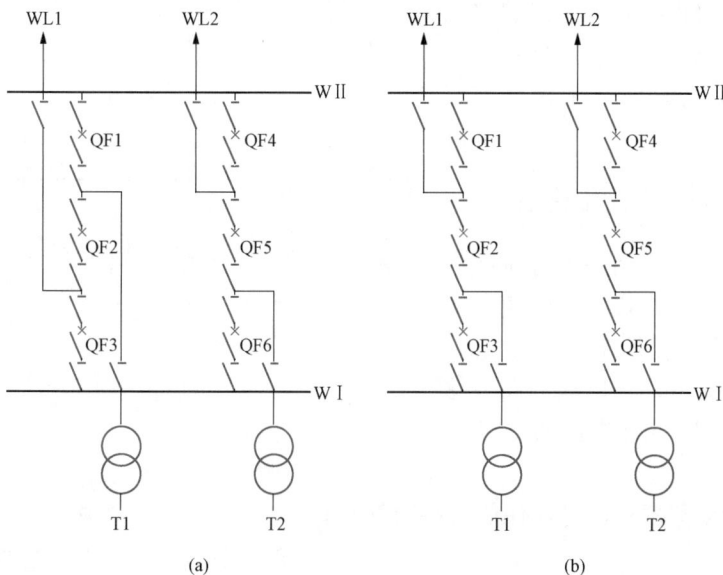

图 2-13　一台半断路器接线配置原则

（a）交叉接线；（b）非交叉接线

（2）交叉布置原则。配电装置建设初期仅有两串时，同名回路宜分别接入不同侧的母线，即"交叉布置"，进出线应装设隔离开关。当接线达 3 串及以上时，同名回路可接于同一侧母线，进出线不宜装设隔离开关。

交叉接线比非交叉接线具有更高的运行可靠性，可减少特殊运行方式下事故扩大。

如图 2-13 所示，若 QF2 在检修或停用，当 QF5 发生异常跳闸或事故跳闸（出线 WL2 故障或进线 T2 回路故障）时，对非交叉接线将造成切除两个电源，造成全停电；而对交叉接线而言，还有一个电源和一条线路在运行，WL2 故障时，T2 向 WL1 送电，T2 故障时 T1 向 WL2 送电。若只是 QF5 异常跳开时，也不破坏两个电源的运行。交叉接线的配电装置的布置比较复杂，需增加一个间隔，占地面积增大。

2.2.5　4/3 断路器接线

4/3 断路器接线一个串中有 4 台断路器接 3 个进线、出线回路。4/3 断路器接线如图2-

14 所示。

1. 优点

(1) 具有 3/2 断路器接线同样的优点。

(2) 与 3/2 断路器接线相比，节省断路器投资。

2. 缺点

(1) 继电保护及二次回路复杂。

(2) 配电装置布置复杂。

3. 适用范围

发电机台数（进线）大于线路（出线）数的大型水电厂，以便实现在一个串的 3 个回路中电源与负荷容量相互匹配。

2.2.6　变压器—母线组接线

各出线回路由两台断路器分别接在两组母线上，变压器直接通过隔离开关接到母线上，组成变压器—母线组接线，如图 2-15 所示，当出线回路较多时，出线也可采用一台半断路器接线形式。

1. 优点

(1) 任一台断路器检修时，任何回路均不停电。

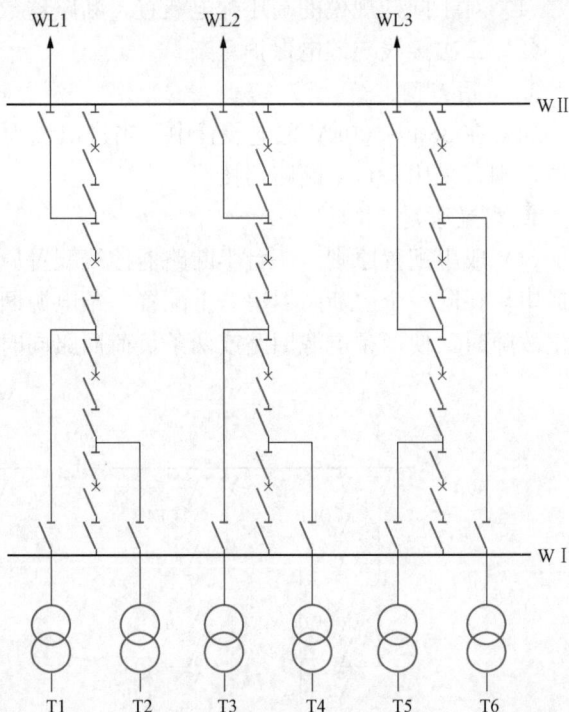

图 2-14　4/3 断路器接线

(2) 运行调度灵活、电源和负荷可自由调配，安全可靠，有利于扩建。

(3) 与 3/2 断路器接线相比，断路器数量少，投资小。

2. 缺点

(1) 一组母线故障或检修时，导致连接在该母线的变压器退出运行。

(2) 变压器故障时，连接于对应母线上的断路器跳开，但不影响其他回路供电。

3. 适用范围

(1) 适用于长距离大容量输电线路、系统稳定性问题突出和要求线路有高度可靠性。

(2) 变压器的质量可靠、故障率甚低的变电站中。

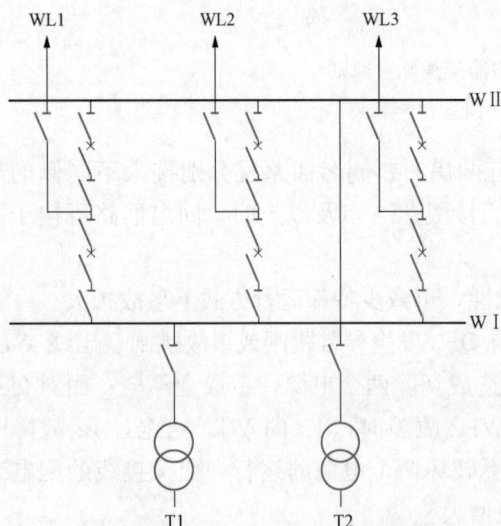

图 2-15　变压器—母线组接线

2.2.7 单元接线

1.发电机—双绕组变压器单元接线

图 2-16（a）所示为发电机—双绕组变压器单元接线，是大型机组广泛采用的接线形式。

300MW 及以下机组发电机出口不装设断路器，600～1000MW 核电机组及部分水、火电机组装设了发电机出口断路器。为调试发电机方便可装隔离开关，200MW 及以上机组，发电机出口采用分相封闭母线，为了减少开断点，可不装隔离开关，但应留有可拆点，便于机组调试。

单元接线简单，开关设备少，操作简便，以及因不设发电机电压级母线，而在发电机和变压器之间采用封闭母线，使得在发电机和变压器低压侧短路的概率和短路电流相对于具有发电机电压母线的接线有所减小。

2.发电机—三绕组变压器单元接线

图 2-16（b）所示为发电机—三绕组变压器单元接线。为了在发电机停止工作时，还能保持和高、中压电网之间的联系，在变压器的三侧均应装断路器。

200MW 及以上机组一般不与三绕组变压器组成单元接线，是为了避免装设额定电流与断流容量极大的发电机出口断路器。为简化网络结构及电厂主接线，减少电压等级，电厂接入系统的电压等级不应超过两种。

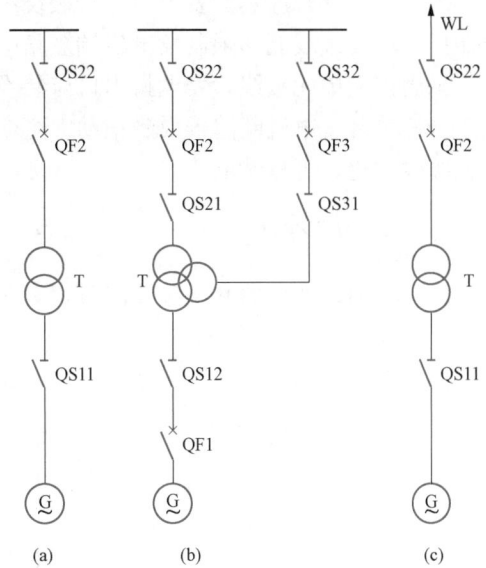

图 2-16 单元接线
(a) 发电机—双绕组变压器单元接线；
(b) 发电机—三绕组变压器单元接线；
(c) 发电机—变压器—线路三绕组变压器单元接线

3.发电机—变压器—线路单元接线

图 2-16（c）所示为发电机—变压器—线路单元接线。在电厂不设升压配电装置，把电能直接送到附近的枢纽变电站或开关站，该接线经济性好、单元性强、布置紧凑、占地面积小。

4.发电机变压器扩大单元接线

当单机容量仅为系统容量的 1‰～2‰ 或更小，而电厂的升高电压等级又较高；如 50MW 机组接入 220kV 系统、100MW 机组接入 330kV 系统、200MW 机组接入 500kV 系统，可采用扩大单元接线。

图 2-17（a）所示为发电机—双绕组变压器扩大单元接线。当发电机单机容量不大且系统备用容量允许时，为了减少变压器台数和高压侧断路器数目，并节省配电装置占地面积，将 2 台发电机与 1 台变压器相连接，组成扩大单元接线。

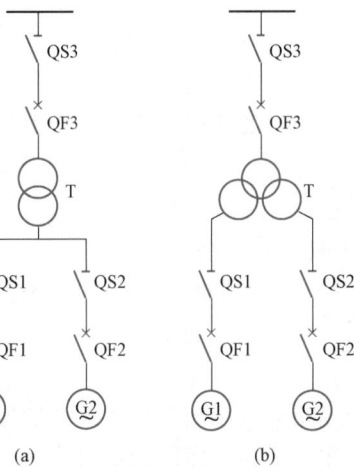

图 2-17 扩大单元接线
(a) 发电机—双绕组变压器扩大单元接线；
(b) 发电机—分裂绕组变压器扩大单元接线

55

图 2-17（b）所示为发电机—分裂绕组变压器扩大单元接线。采用发电机—分裂绕组变压器扩大单元接线能够限制发电机端短路电流。

采用扩大单元接线，发电机出口应装设断路器和隔离开关。

当任一台发电机断路器故障拒动、主变压器故障时，将导致两台发电机组同时停运，与单元接线相比，可靠性低。

2.2.8　桥形接线

当只有两台变压器和两条线路时，宜采用桥形接线。

1. 内桥接线

内桥接线如图 2-18（a）所示，桥断路器靠近变压器侧。

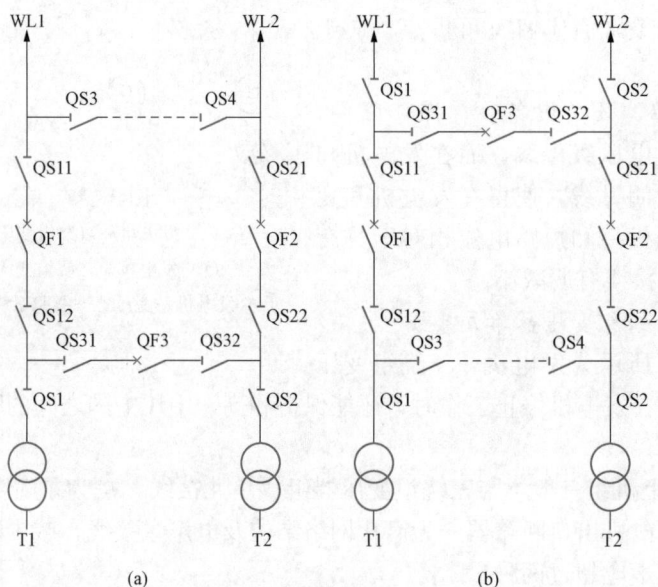

图 2-18　桥形接线

(a) 内桥接线；(b) 外桥接线

（1）优点。高压断路器数量少，4 个回路只需 3 台断路器，比具有 4 条回路的单母线接线节省了一台断路器，并且没有母线，节省投资。

（2）缺点。

1）变压器故障或切除、投入时，使相应线路短时停电且操作复杂。

2）出线断路器检修时，对应线路需较长时间停运，可加装正常断开运行的跨条，以提高运行的可靠性和灵活性，桥断路器检修时，为避免解列运行，也可利用此跨条。在跨条上须加装两组隔离开关，便于轮流停电检修任何一组隔离开关。

（3）适用范围。内桥接线适用于线路较长（相对来说线路的故障概率较大）和变压器不需要经常切换（如火电厂）的小容量发电厂或变电站，或作为最终将发展为单母线分段或双母线的工程初期接线方式。

2. 外桥接线

外桥接线如图 2-18（b）所示，桥断路器靠近线路侧。

外桥接线适用于线路较短（相对来说线路的故障概率较小）和变压器需要经常切换（如调峰、调频运行的水电厂）的小容量发电厂或变电站，或作为最终将发展为单母线分段或双母线的工程初期接线方式；当系统中有穿越功率通过桥形接线的发电厂或变电站高压侧，或者桥形接线的 2 条线路接入环形电网时，通常宜采用外桥接线。

2.2.9 角形接线

多角形接线的断路器数等于电源回路和出线回路的总数，断路器接成环形电路，电源回路和出线回路都接在 2 台断路器之间，多角形接线的"角"数等于回路数，也就等于断路器数。角形接线如图 2-19 所示。

1. 优点

（1）平均每回进线、出线只需装设一台断路器，断路器数目比单母线分段接线或双母线接线还少 1 台。

（2）任一台断路器检修时，只需断开其两侧的隔离开关，不会引起任何回路停电。

（3）没有汇流母线，不存在母线故障产生的影响。

（4）任一回路故障时，只跳开与它相连接的 2 台断路器，不会影响其他回路的正常工作。

（5）操作方便，所有隔离开关只用于检修时隔离电源，不做操作之用，不会发生带负荷断开隔离开关的事故。

（6）占地面积小。多角形接线占地面积约为普通中型双母线接线的 40%。

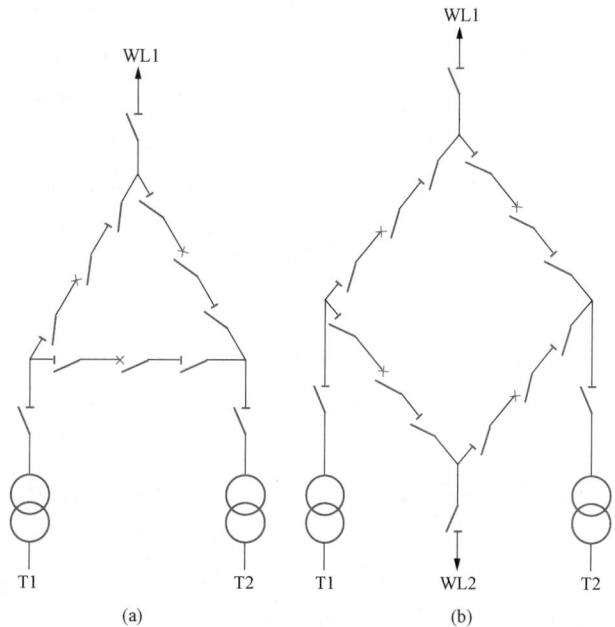

图 2-19 角形接线
(a) 三角形接线；(b) 四角形接线

2. 缺点

（1）检修任何一台断路器时，需开环运行，降低了接线的可靠性；如果此时出现故障，又有断路器自动跳开，将造成供电紊乱。

（2）由于运行方式变化大，电气设备可能在闭环和开环两种情况下工作，流过电气设备的工作电流差别较大，给电气设备的选择带来困难，使继电保护装置复杂化。

（3）当角形接线用于调峰电厂时，需增设发电机出口断路器便于启、停机，以避免角形接线经常开环运行，但增加了主变压器的空载损耗。

（4）不便于扩建。

3. 配置原则

（1）角形接线最多为六角形接线，以四角形接线和三角形接线为宜，以减少开环运行所带来的不利影响。

(2) 电源回路应配置在多角形的对角上，使所选电气设备额定电流不致过大。

4. 适用范围

角形接线，一般用于回路数较少（进出线数为 3～5 回）且能一次建成，不需再扩建的 110kV 及以上的配电装置中；多用于进出线数不超过 6 回，地形狭窄的中、小型水力发电厂和地下布置。

2.3　主变压器选择　B 类考点

主变压器：发电厂和变电站中，用来向电力系统或用户输送功率的变压器。

联络变压器：用于两种电压等级之间交换功率的变压器。

厂（站）用变压器：只供本厂（站）用电的变压器。

主变压器的容量、台数直接影响电气主接线的形式和配电装置的结构。它的确定除依据传递容量基本原始资料外，还应根据电力系统 5～10 年发展规划、输送功率大小、馈线回路数、电压等级以及接入系统的紧密程度等因素，进行综合分析和合理选择。

2.3.1　发电厂主变压器选择

1. 单元接线的主变压器

单元接线的主变压器容量应按下列条件中的容量较大者选择。

(1) 按发电机的额定容量扣除本机组的厂用负荷后，留有 10% 的裕度。

$$S_N \geqslant 1.1 P_{GN}(1 - K_p)/\cos\varphi$$

(2) 按发电机的最大连续容量扣除一台厂用变压器的计算负荷选择。

$$S_N \geqslant P_{Gmax}/\cos\varphi - S_j$$

采用扩大单元接线时应尽可能采用分裂绕组变压器，其容量亦应按单元接线的计算原则算出的两台发电机容量之和来确定。

2. 具有发电机电压母线接线的主变压器

(1) 当发电机全部投入运行时，在满足发电机电压供电的日最小负荷，并扣除厂用负荷后，主变压器应能将发电机电压母线上的剩余有功和无功容量送入系统。

(2) 当接在发电机电压母线上的最大一台机组检修或者因供热机组热负荷变动而需限制本厂出力时，主变压器应能从电力系统倒送功率，保证发电机电压母线上最大负荷的需要。

(3) 若发电机电压母线上接有 2 台及以上的主变压器时，当其中容量最大的一台因故退出运行时，其他主变压器应能输送母线剩余功率的 70% 以上。

发电机电压母线上通常都接入 60MW 及以下的中、小型热电机组，按照"以热定电"的方式运行，坚持自发自用原则，严格限制上网电量。为确保对发电机电压上的负荷供电可靠性，接于发电机电压母线上的主变压器不应少于 2 台，其总容量除满足上述要求外，还应当考虑到不少于 5 年负荷的逐年发展。

利用工业生产的余热发电的中、小型电厂，可只装 1 台主变压器与电力系统构成弱连接。

2.3.2 变电站主变压器选择

1. 变电站主变压器容量确定原则

（1）变电站主变压器容量一般应根据 5～10 年规划负荷、城市规划、负荷性质、电网结构等综合考虑确定其容量。

（2）对重要变电站，需考虑当一台主变压器停运时，其余变压器容量在计及过负荷能力允许时间内，应满足 I 类及 II 类负荷的供电；对一般性变电站，当一台主变压器停运时，其余变压器容量应能满足全部负荷的 70%～80%。

（3）当自耦变压器第三绕组接有无功补偿设备时，应根据无功功率潮流校核公共绕组的容量。

2. 变电站主变压器台数确定原则

（1）对于枢纽变电站在中、低压侧已形成环网的情况下，变电站宜设置 2 台主变压器。

（2）地区性孤立的一次变电站或大型工业专用变电站，可设 3 台主变压器，提高供电可靠性。

2.3.3 联络变压器选择

（1）满足两种电压网络在各种不同运行方式下，网络间的有功功率和无功功率的变换。

（2）一般不小于接在两电压母线上最大一台机组的容量，以保证最大一台机组故障或检修时，通过联络变压器满足本侧负荷的要求；同时也可在线路检修或故障时，通过联络变压器将其剩余容量送入另一系统。

（3）联络变压器一般只设置 1 台，最多不超过 2 台。否则使布置和引线复杂。

2.3.4 主变压器型式的选择

1. 相数的选择

容量为 300MW 及以下机组单元连接的主变压器和 330kV 及以下电力系统，一般都应选用三相变压器。（单相变压器组相对投资大、占地多、运行损耗大、配电装置复杂）若受到制造条件和运输条件的限制，则可选用单相变压器组。

容量为 600MW 机组单元连接的主变压器和 500kV 电力系统中的主变压器应综合考虑运输和制造条件，经技术经济比较，可选用单相变压器组。

2. 绕组数与结构

电力变压器按绕组数分为双绕组、三绕组或更多绕组，按电磁结构分为普通双绕组、三绕组、自耦式及低压绕组分裂等型式。

发电厂以两种升高电压级向用户供电或与系统连接时，可采用两台双绕组变压器或一台三绕组变压器。

机组容量为 125MW 及以下的发电厂多采用三绕组变压器，但三绕组变压器的每个绕组的通过容量应达到该变压器额定容量的 15% 及以上，否则绕组未能充分利用，反而不如选用 2 台双绕组变压器在经济上更加合理。

在一个发电厂或变电站中采用三绕组变压器台数一般不多于 3 台，以免由于增加了中压侧引线的构架，造成布置的复杂和困难。

三绕组变压器比同容量双绕组变压器价格要贵 40%～50%，而且台数过多会造成中压侧短路容量过大，故对其使用要加以限制。

三绕组变压器根据三个绕组的布置方式不同，分为升压变压器和降压变压器。升压变压器用于功率流向由低压绕组传送到高压电网和中压电网，用于发电厂主变压器；而降压变压器用于功率流向由高压传送至中压和低压，常用于变电站主变压器。

机组容量为 200MW 以上的发电厂采用发电机—双绕组变压器单元接入系统，两种升高电压等级之间加装联络变压器，低压绕组可作为厂用备用电源或启动电源，亦可连接无功补偿装置，联络变压器应用如图 2-20 所示。

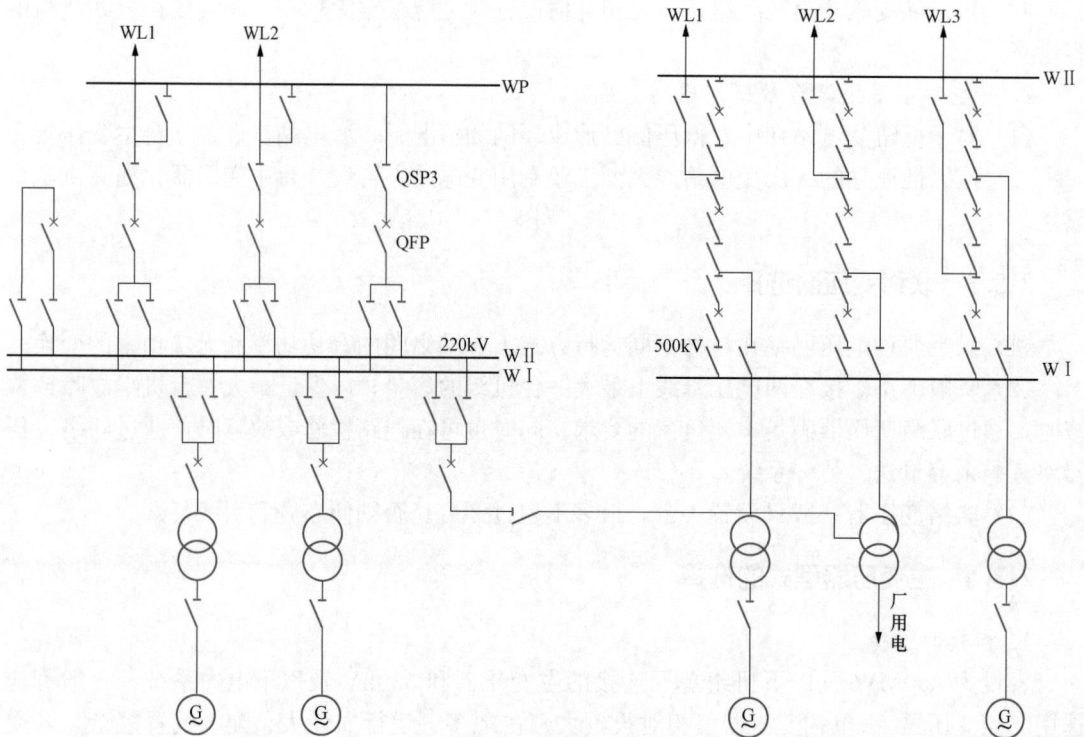

图 2-20　联络变压器应用

扩大单元接线主变压器，应优先选用低压分裂绕组变压器，可以大大限制短路电流。

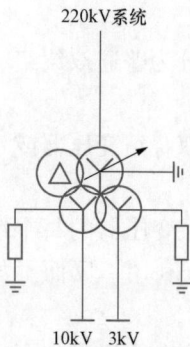

图 2-21　多绕组变压器

在 110kV 及以上中性点直接接地系统中，凡需选用三绕组变压器的场所，均可优先选用自耦变压器。它损耗小、价格低，但主要潮流方向应为低压和中压同时向高压送电，或反之，且变化不宜过大，并注意自耦变压器限制短路电流的效果较差。

多绕组（如四绕组）电力变压器，一般用于 600MW 级大型机组启动兼备用变压器，多绕组变压器如图 2-21 所示。当高压和两级中压（如 10kV 与 3kV）绕组均为星形接线时，为提供变压器 3 次谐波电流通路，保证主磁通接近正弦波，改善电动势的波形，常在变压器设有第四个三角形接线的绕组，即为四绕组变压器，该绕组不接负荷。

3. 绕组联结组号

变压器三相绕组的联结组号必须和系统电压相位一致，否则不能并列运行。电力系统采用的绕组连接方式只有星形"Y"和三角形"d"两种。

在发电厂和变电站中，一般考虑系统或机组的同步并列要求以及限制 3 次谐波对电源的影响等因素，主变压器联结组号一般都选用 YNd11 常规接线。

全星形接线变压器用于中性点不接地系统时，3 次谐波无通路，将引起正弦波电压畸变，并对通信设备发生干扰，同时对继电保护整定的准确度和灵敏度均有影响。在我国，全星形接线变压器均为自耦变压器，电压变比多为 220/110/35kV、330/220/35kV、330/110/35kV、500/220/110kV。由于 500、330、220、110kV 均系中性点直接接地系统，系统的零序阻抗较小，所以自耦变压器设置三角形绕组用以对线路 3 次谐波的分流作用已显得不十分必要。

4. 阻抗和调压方式

(1) 阻抗选择。变压器阻抗实质是绕组之间的漏抗，当变压器的电压比、型式、结构和材料确定后，其阻抗大小一般和变压器容量关系不大。

双绕组变压器，一般按标准规定值选择；三绕组普通型和自耦型变压器各侧阻抗，按用途即升压型或降压型确定。

(2) 调压方式选择。为保证发电厂或变电站的供电质量，电压必须维持在允许范围内。通过变压器分接头，改变变压器高压绕组匝数，从而改变其变比，实现电压调整。

改变分接头调压，仅改变电网无功潮流分配，并不会增加整个电网无功容量。当电网无功容量不足造成电压偏低，变压器调压仅是各厂（站）之间无功容量的再分配。

1）无励磁调压：不带电切换，调整范围通常在 $\pm 2 \times 2.5\%$ 以内。

2）有载调压：带负荷切换，调整范围可达 30%。其结构较复杂，价格较贵。

3）下列情况应选用有载调压变压器。

①接于输出功率变化大的发电厂的主变压器，特别是潮流方向不固定，且要求变压器二次电压维持在一定水平时。

②接于时而为送端、时而为受端，具有可逆工作特点的联络变压器，为保证供电质量，要求母线电压恒定时。

③发电厂主变压器很少采用有载调压，可通过调节发电机励磁实现调节电压。

④220kV 及以上降压变压器，仅在电网电压有较大变化的情况时使用有载调压，一般均采用无励磁调压。

⑤110kV 及以下变压器应至少有一级电压的变压器采用有载调压。

5. 冷却方式

油浸式电力变压器的冷却方式随其型式和容量不同而异，有自然风冷却、强迫风冷却、强迫油循环水冷却、强迫油循环风冷却、强迫油循环导向冷却。

中、小型变压器通常采用依靠装在变压器油箱上的片状或管形辐射式冷却器和电动风扇的自然风冷却及强迫风冷却方式散发热量。

容量在 31.5MVA 及以上的大容量变压器一般采用强迫油循环风冷却，在发电厂水源充足的情况下，为压缩占地面积，也可采用强迫油循环水冷却。

容量在 350MVA 及以上的特大变压器一般采用强迫油循环导向冷却。

SF_6 气体变压器冷却方式与油浸式相似；干式变压器因容量较小，一般为自然风或风扇冷却两种方式。

2.4　互感器在主接线中的配置　B 类考点

2.4.1　电流互感器配置

（1）配置原则。为了满足测量和保护装置的需要，在发电机引出线及中性点、变压器、出线、母线分段及母联断路器、旁路断路器等回路中均设有电流互感器。对于中性点直接接地系统，一般按三相配置；对于中性点非直接接地系统，依据保护、测量与电能计量要求按两相或三相配置。

（2）保护用电流互感器配置。装设地点应按尽量消除主保护装置死区来设置。如有两组互感器，尽可能设在断路器两侧，使断路器处于交叉保护范围之中。

（3）进出线电流互感器配置。为了防止互感器套管闪络造成母线故障，互感器通常布置在断路器的出线侧或变压器侧，尽可能不在紧靠母线侧装设互感器。

（4）励磁用互感器与测量用互感器配置。为了减轻内部故障对发电机的损伤，用于自动调节励磁装置的电流互感器应布置在发电机定子绕组的出线侧（无功调差单元电流互感器接于机端，防止机组已与系统断开而存在内部故障时，不再强行励磁），为了便于分析和在发电机并入系统前发现内部故障，用于测量仪表的电流互感器宜装在发电机中性点侧。

（5）继电保护和测量仪表宜接在互感器不同的二次绕组，当受到限制必须共用一个二次绕组时，应同时满足测量和保护要求。

（6）电流互感器二次回路不宜进行切换，当需要时，应采取防止开路的措施。

2.4.2　电压互感器配置

（1）配置原则。电压互感器二次绕组数量和准确等级应满足测量、保护、同期及自动装置要求。

（2）发电机引出线。装设 2～3 组电压互感器，其中一组为双绕组电压互感器，供给自动调节励磁装置，准确级为 0.5 级；另一组供测量仪表、同期、保护装置使用，该电压互感器采用三相五柱式或三只单相接地专用互感器，其开口三角形供发电机在未并列之前检查是否有接地故障之用。当电压互感器负荷太大时，可增设第三组不完全星形连接的电压互感器，专供测量仪表使用。

当发电机装设断路器时，应在主变压器低压侧设 1～2 组电压互感器。

（3）发电机中性点侧。大、中型发电机中性点接有单相电压互感器，用于 100％定子接地保护。

（4）母线。除旁路母线外，一般工作母线、备用母线均装设一组电压互感器，用于同期、测量仪表和保护装置。

（5）线路。35kV 及以上输电线路上，当对端无电源时不装设电压互感器；当对端有电源时，为了监视线路有无电压、进行同期和设置重合闸，可装一台单相双绕组或单相三绕组电压互感器。110kV 及以上线路，为了节约投资和占地，载波通信和电压测量可选择电容分压式电压互感器。

2.5　电气设备及主接线的可靠性分析　C 类考点

电气主接线进行可靠性分析计算的目的。

（1）通过电气设备的可靠性数据来分析计算主接线的可靠性，作为设计和评价电气主接线的依据。

（2）对不同主接线方案进行可靠性指标综合比较，作为选择最优方案的依据。

（3）对已经运行的主接线，寻求可能的供电路径，选择最佳运行方式。

（4）寻找主接线的薄弱环节，合理安排检修计划和采取相应对策。

（5）研究可靠性和经济性的最佳搭配等。

2.5.1　基本概念

1. 可靠性的含义

可靠性指元件、设备和系统在规定的条件下和预定时间内，完成规定功能的概率。可靠性就是在规定的额定条件下和预定的时间内（如 1 年）完成预期功能状况的概率。

2. 电气设备的分类

（1）可修复元件。电气设备经过一段时间工作后，发生了故障，经过修理能再次恢复到原来的工作状态，就称这种电气设备为可修复元件，如发电机、断路器、变压器、母线等设备。由可修复元件组成的系统称为可修复系统，电气主接线亦属于可修复系统。

（2）不可修复元件。电气设备工作一段时间后，发生了故障不能修理，或者虽能修复但不经济，就称这种电气设备为不可修复元件，如电容器、电灯泡等。由不可修复设备组成的系统称为不可修复系统。

3. 电气设备的工作状态

电气设备的工作状态分为运行状态（工作或待命）和停运状态（故障或检修）两种。

运行状态又称为可用状态，停运状态又称为不可用状态，不可用状态中计划停运状态是事先安排的，强迫停运状态是随机的，可靠性研究中不包括计划停运状态。

2.5.2　可靠性的主要指标

1. 不可修复元件的可靠性指标

不可修复元件常用的可靠性指标有可靠度、不可靠度、故障率和平均无故障工作时间等。

电气设备的典型故障率曲线如图 2-22 所示，称浴盆曲线。

2. 可修复元件的可靠性指标

图 2-22　电气设备的典型故障率曲线

（A）—早期故障期；（B）—偶发故障期；

（C）—耗损故障期；λ—规定故障概率

由于元件是可修复的，需要从两个方面考虑其可靠性，既要反映元件故障状态的指标，

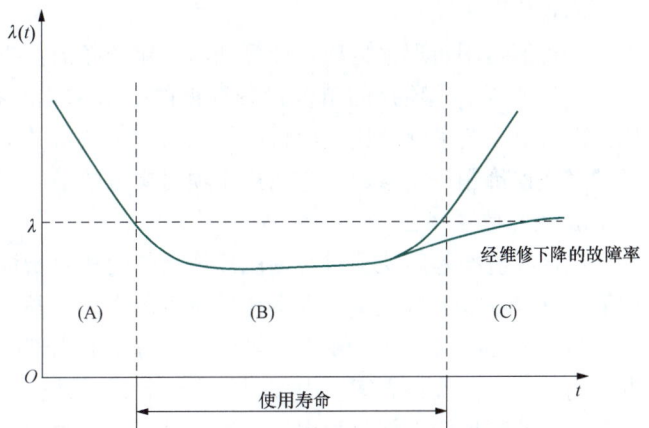

又要有表示其修复过程的指标。描述可修复元件可靠性的主要指标包括：可靠度、不可靠度、故障率、修复率、平均修复时间、平均运行周期、可用度、不可用度、故障频率。

2.6　技术经济分析　C类考点

电气主接线设计是在充分研究各类资料的基础上，拟定出技术上可行的若干方案，经过论证筛选后，对技术上满足要求具有可比性的几个待选方案经过经济分析，最后确定采用的最终方案。

经济分析内容包括财务评价、国民经济评价、不确定性分析和方案比较。

2.6.1　常用的经济分析方法

1. 最小费用法

最小费用法适用于比较效益相同的方案或效益基本相同，但难以具体估算的方案。最小费用法有如下不同表达方式。

（1）费用现值法。

1）计算期相同。将各方案基本建设期和生产运行期的全部支出费用均折算至计算期的第1年，现值低的方案是可取的方案。

2）计算期不同。如参加比较的各方案计算期不同（如水、火电源方案比较），一般可按各方案中计算期最短的计算。

（2）年费用比较法。年费用比较法是将参加比较的诸方案在计算期内全部支出费用折算成等额年费用后进行比较，年费用低的方案为经济上优越方案。计算期不同的方案宜采用年费用比较法。

2. 净现值法

如果诸方案投资相同，净现值大的方案为经济占优势方案；若诸方案投资不同，需进一步用净现值率来衡量。

净现值是用折现率将项目计算期内各年的净效益折算到工程建设初期的现值之和。净现值率是反映该工程项目的单位投资取得的效益的相对指标，它是净效益现值与投资现值之比。净现值法要求计算比较项目的投入与产出效益的全部费用，因而比较项目都需具备较准确的经济评价用原始参数。它适用于项目决策的最后评估。

3. 内部收益率法

内部收益率是反映项目对国民经济贡献的相对指标，是使项目计算期内的经济或财务净现值累计等于零的折现率。方案比较时可用内部收益率法，也可用差额投资内部收益率法。

（1）内部收益率法。要先计算各比较方案的内部收益率，然后再比较，内部收益率大的方案为经济上占优势方案。内部收益率一般采用迭代法求得。

（2）差额投资内部收益率法。差额投资内部收益率用试差法求得，当大于或等于电力工业投资基准收益率或社会折现率时，投资大的方案较优；小于电力工业投资基准收益率或社会折现率时，投资小的方案较优。

4. 抵偿年限法

抵偿年限法，即静态差额投资回收期法，该方法的优点是计算简单，资料要求少。其缺点是未考虑时间因素，无法计算推迟投资效果，投资发生于施工期，运行费发生于投资后，在时间上未统一起来；仅计算回收年限，未考虑投资比例多少，未考虑固定资产残值；多方案比较一次无法算出；由于电气主接线不同方案所涉及的高压配电装置的安装周期相对都较短，且投运时间相近，故抵偿年限法一般可适用于主接线方案的经济分析，特别是用于建设周期短，且最终容量一次性投入的火电厂。

在电气主接线设计中，大多采用最小费用法和抵偿年限法。

2.6.2 方案的经济比较项目

经济比较主要是对各主接线方案的综合总投资和年运行费进行综合效益比较，确定出最佳方案。

1. 综合总投资

综合总投资主要包括变压器综合投资，开关设备、配电装置综合投资以及不可预见的附加投资等。进行方案比较时，一般不必计算全部费用，只算出方案不同部分的投资。

2. 运行期的年运行费用

年运行费用主要包括一年中变压器的损耗电能费及检修、维护、折旧费等，按投资百分率计算。年损耗电能随变压器类型不同而异。

2.7 在电气设备上工作，保证安全的组织措施和技术措施 专科 A 类考点

2.7.1 保证安全的组织措施

（1）工作票制度。

（2）工作许可制度。

（3）工作监护制度。

（4）工作间断、转移和终结制度。

变电检修（施工）作业，工作票签发人或工作负责人认为有必要现场勘察的，检修（施工）单位应根据工作任务组织现场勘察，并填写现场勘察记录。现场勘察由工作票签发人或工作负责人组织。

1. 工作票制度

（1）在电气设备上的工作，应填用工作票或事故应急抢修单，其方式有 6 种。

1）填用变电站（发电厂）第一种工作票。

2）填用电力电缆第一种工作票。

3）填用变电站（发电厂）第二种工作票。

4）填用电力电缆第二种工作票。

5）填用变电站（发电厂）带电作业工作票。

6）填用变电站（发电厂）事故应急抢修单。

（2）填用第一种工作票的工作。

1）高压设备上工作需要全部停电或部分停电者。

2）二次系统和照明等回路上工作，需要将高压设备停电者或做安全措施者。

3）高压电力电缆需停电的工作。

4）换流变压器、直流场设备及阀厅设备需要将高压直流系统或直流滤波器停用者。

5）直流保护装置、通道和控制系统的工作，需要将高压直流系统停用者。

6）换流阀冷却系统、阀厅空调系统、火灾报警系统及图像监视系统等工作，需要将高压直流系统停用者。

7）其他工作需要将高压设备停电或要做安全措施者。

（3）填用第二种工作票的工作。

1）控制盘和低压配电盘、配电箱、电源干线上的工作。

2）二次系统和照明等回路上工作，无需将高压设备停电者或做安全措施者。

3）转动中的发电机、同期调相机的励磁回路或高压电动机转子电阻回路上的工作。

4）非运行人员用绝缘棒、核相器和电压互感器定相或用钳型电流表测量高压回路的电流。

5）大于设备不停电时安全距离的相关场所和带电设备外壳上的工作以及无可能触及带电设备导电部分的工作。

6）高压电力电缆不需停电的工作。

7）换流变压器、直流场设备及阀厅设备上工作，无需将直流单、双极或直流滤波器停用者。

8）直流保护控制系统的工作，无需将高压直流系统停用者。

9）换流阀水冷系统、阀厅空调系统、火灾报警系统及图像监视系统等工作，无需将高压直流系统停用者。

（4）填用带电作业工作票的工作。带电作业或与邻近带电设备距离小于设备不停电时的安全距离，见表 2-1 规定的工作。

表 2-1　　　　　　　　　　　设备不停电时的安全距离

电压等级（kV）	安全距离（m）	电压等级（kV）	安全距离（m）
10 及以下（13.8）	0.70	750	7.20
20、35	1.00	1000	8.70
63（66）、110	1.50	±50 及以下	1.50
220	3.00	±500	6.00
330	4.00	±660	8.40
500	5.00	±800	9.30

（5）填用事故应急抢修单的工作。事故应急抢修可不用工作票，但应使用事故应急抢修单。

事故应急抢修工作是指电气设备发生故障被迫紧急停止运行，需短时间内恢复的抢修和排除故障的工作。非连续进行的事故修复工作，应使用工作票。

（6）工作票的填写与签发。

1）工作票应使用黑色或蓝色的钢（水）笔或圆珠笔填写与签发，一式两份，内容应正确，填写应清楚，不得任意涂改。如有个别错、漏字需要修改，应使用规范的符号，字迹应清楚。

2）用计算机生成或打印的工作票应使用统一的票面格式，由工作票签发人审核无误，手工或电子签名后方可执行。

3）工作票一份应保存在工作地点，由工作负责人收执；另一份由工作许可人收执，按值移交。工作许可人应将工作票的编号、工作任务、许可及终结时间记入登记簿。

4）一张工作票中，工作许可人与工作负责人不得相互兼任。若工作票签发人兼任工作许可人或工作负责人，应具备相应资质，并履行相应的安全责任。

5）工作票由工作负责人填写，也可以由工作票签发人填写。

6）工作票由设备运行单位签发，也可由经设备运行单位审核合格且经批准的修试及基建单位签发，修试及基建单位的工作票签发人及工作负责人名单应事先送有关设备运行单位备案。

7）承发包工程中，工作票可实行"双签发"形式。签发工作票时，双方工作票签发人在工作票上分别签名，各自承担本规程工作票签发人相应的安全责任。

8）第一种工作票所列工作地点超过两个，或有两个及以上不同的工作单位（班组）在一起工作时，可采用总工作票和分工作票。总、分工作票应由同一个工作票签发人签发。总工作票上所列的安全措施应包括所有分工作票上所列的安全措施。几个班同时进行工作时，总工作票的工作班成员栏内，只填明各分工作票的负责人，不必填写全部工作人员姓名。分工作票上要填写工作班人员姓名。

总、分工作票在格式上与第一种工作票一致。

分工作票应一式两份，由总工作票负责人和分工作票负责人分别收执。分工作票的许可和终结，由分工作票负责人与总工作票负责人办理。分工作票必须在总工作票许可后才可许可；总工作票必须在所有分工作票终结后才可终结。

9）供电单位或施工单位到用户变电站内施工时，工作票应由有权签发工作票的供电单位、施工单位或用户单位签发。

（7）工作票的使用。

1）一个工作负责人不能同时执行多张工作票，工作票上所列的工作地点，以一个电气连接部分为限。

①所谓一个电气连接部分是指电气装置中，可以用隔离开关同其他电气装置分开的部分。

②直流双极停用，换流变压器及所有高压直流设备均可视为一个电气连接部分。

③直流单极运行，停用极的换流变压器，阀厅，直流场设备、水冷系统可视为一个电气连接部分。

双极公共区域为运行设备。

2）一张工作票上所列的检修设备应同时停、送电，开工前工作票内的全部安全措施应一次完成。

若至预定时间，一部分工作尚未完成，需继续工作而不妨碍送电者，在送电前，应按照送电后现场设备带电情况，办理新的工作票，布置好安全措施后，方可继续工作。

3）若以下设备同时停、送电，可使用同一张工作票。

①属于同一电压、位于同一平面场所，工作中不会触及带电导体的几个电气连接部分。

②一台变压器停电检修，其断路器也配合检修。

③全站停电。

4）同一变电站内在几个电气连接部分上依次进行不停电的同一类型的工作，可以使用一张第二种工作票。

5）在同一变电站内，依次进行的同一类型的带电作业可以使用一张带电作业工作票。

6）持线路或电缆工作票进入变电站或发电厂升压站进行架空线路、电缆等工作，应增填工作票份数，由变电站或发电厂工作许可人许可，并留存。

上述单位的工作票签发人和工作负责人名单应事先送有关运行单位备案。

7）需要变更工作班成员时，应经工作负责人同意，在对新的作业人员进行安全交底手续后，方可进行工作。非特殊情况不得变更工作负责人，如确需变更工作负责人应由工作票签发人同意并通知工作许可人，工作许可人将变动情况记录在工作票上。工作负责人允许变更一次。原、现工作负责人应对工作任务和安全措施进行交接。

8）在原工作票的停电及安全措施范围内增加工作任务时，应由工作负责人征得工作票签发人和工作许可人同意，并在工作票上增填工作项目。若需变更或增设安全措施者应填用新的工作票，并重新履行签发许可手续。

9）变更工作负责人或增加工作任务，如工作票签发人无法当面办理，应通过电话联系，并在工作票登记簿和工作票上注明。

10）第一种工作票应在工作前一日送达运行人员，可直接送达或通过传真、局域网传送，但传真传送的工作票许可应待正式工作票到达后履行。临时工作可在工作开始前直接交给工作许可人。

第二种工作票和带电作业工作票可在进行工作的当天预先交给工作许可人。

11）工作票有破损不能继续使用时，应补填新的工作票，并重新履行签发许可手续。

（8）工作票的有效期与延期。

1）第一、二种工作票和带电作业工作票的有效时间，以批准的检修期为限。

2）第一、二种工作票需办理延期手续，应在工期尚未结束以前由工作负责人向运行值班负责人提出申请（属于调度管辖、许可的检修设备，还应通过值班调度员批准），由运行值班负责人通知工作许可人给予办理。第一、二种工作票只能延期一次。带电作业工作票不准延期。

（9）工作票所列人员的基本条件。

1）工作票的签发人应是熟悉人员技术水平、熟悉设备情况、熟悉本规程，并具有相关工作经验的生产领导人、技术人员或经本单位分管生产领导批准的人员。工作票签发人员名单应书面公布。

2）工作负责人（监护人）应是具有相关工作经验，熟悉设备情况和本规程，经工区（所、公司）生产领导书面批准的人员。工作负责人还应熟悉工作班成员的工作能力。

3）工作许可人应是经工区（所、公司）生产领导书面批准的有一定工作经验的运行人员或检修操作人员（进行该工作任务操作及做安全措施的人员）。用户变、配电站的工作许可人应是持有效证书的高压电气工作人员。

4）专责监护人应是具有相关工作经验，熟悉设备情况和本规程的人员。

（10）工作票所列人员的安全责任。

1）工作票签发人。

①工作必要性和安全性。

②工作票上所填安全措施是否正确完备。

③所派工作负责人和工作班人员是否适当和充足。

2）工作负责人（监护人）。

①正确安全地组织工作。

②负责检查工作票所列安全措施是否正确完备，是否符合现场实际条件，必要时予以补充。

③工作前对工作班成员进行危险点告知，交代安全措施和技术措施，并确认每一个工作成员都已知晓。

④严格执行工作票所列安全措施。

⑤督促、监护工作班成员遵守本规程，正确使用劳动防护用品和执行现场安全措施。

⑥工作班成员精神状态是否良好，变动是否合适。

3）工作许可人。

①负责审查工作票所列安全措施是否正确、完备，是否符合现场条件。

②工作现场布置的安全措施是否完善，必要时予以补充。

③负责检查检修设备有无突然来电的危险。

④对工作票所列内容即使发生很小疑问，也应向工作票签发人询问清楚，必要时应要求作详细补充。

4）专责监护人。

①明确被监护人员和监护范围。

②工作前对被监护人员交代安全措施，告知危险点和安全注意事项。

③监督被监护人员遵守本规程和现场安全措施，及时纠正不安全行为。

5）工作班成员。

①熟悉工作内容、工作流程，掌握安全措施，明确工作中的危险点，并履行确认手续。

②严格遵守安全规章制度、技术规程和劳动纪律，对自己在工作中的行为负责，互相关心工作安全，并监督本规程的执行和现场安全措施的实施。

③正确使用安全工器具和劳动防护用品。

6）运维人员实施不需高压设备停电或做安全措施的变电运维一体化业务项目时，可不使用操作票，但应以书面形式记录相应的操作和工作等内容。

各单位应明确发布所实施的变电运维一体化业务项目及所采取的书面记录形式。

2. 工作许可制度

（1）工作许可人在完成施工现场的安全措施后，还应完成以下手续，工作班方可开始工作。

1）会同工作负责人到现场再次检查所做的安全措施，对具体的设备指明实际的隔离措施，证明检修设备确无电压。

2）对工作负责人指明带电设备的位置和注意事项。

3）和工作负责人在工作票上分别确认、签名。

（2）运行人员不得变更有关检修设备的运行接线方式。工作负责人、工作许可人任何一方不得擅自变更安全措施，工作中如有特殊情况需要变更时，应先取得对方的同意并及时恢复。变更情况及时记录在值班日志内。

（3）变电站（发电厂）第二种工作票可采取电话许可方式，但应录音，并各自做好记录。采取电话许可的工作票，工作所需安全措施可由工作人员自行布置，工作结束后应汇报工作许可人。

3. 工作监护制度

（1）工作许可手续完成后，工作负责人、专责监护人应向工作班成员交代工作内容、人员分工、带电部位和现场安全措施，进行危险点告知，并履行确认手续同，工作班方可开始工作。工作负责人、专责监护人应始终在工作现场，对工作班人员的安全认真监护，及时纠正不安全的行为。

（2）所有工作人员（包括工作负责人）不许单独进入、滞留在高压室、阀厅内和室外高压设备区内若工作需要（如测量极性、回路导通试验、光纤回路检查等），而且现场设备允许时，可以准许工作班中有实际经验的一个人或几人同时在它室进行工作，但工作负责人应在事前将有关安全注意事项予以详尽地告知。

（3）工作负责人在全部停电时，可以参加工作班工作。在部分停电时，只有在安全措施可靠，人员集中在一个工作地点，不致误碰有电部分的情况下，方能参加工作。工作票签发人或工作负责人应根据现场的安全条件、施工范围、工作需要等具体情况，增设专责监护人和确定被监护的人员。

专责监护人不得兼做其他工作。专责监护人临时离开时，应通知被监护人员停止工作或离开工作现场，待专责监护人回来后方可恢复工作。若专责监护人必须长时间离开工作现场时，应由工作负责人变更专责监护人，履行变更手续，并告知全体被监护人员。

（4）工作期间，工作负责人若因故暂时离开工作现场时，应指定能胜任的人员临时代替，离开前应将工作现场交代清楚，并告知工作班成员。原工作负责人返回工作现场时，也应履行同样的交接手续。

若工作负责人必须长时间离开工作现场时，应由原工作票签发人变更工作负责人，履行变更手续，并告知全体工作员及工作许可人。原、现工作负责人应做好必要的交接。

4. 工作间断、转移和终结制度

（1）工作间断时，工作班人员应从工作现场撤出。每日收工，应清扫工作地点，开放已封闭的通道，并电话告知工作许可人。若工作间断后所有安全措施和接线方式保持不变，工作票可由工作负责人收执。次日复工时工作负责人应电话告知工作许可人，并重新认真检查安全措施是否符合工作票的要求间断后继续工作，若无工作负责人或专责监护人带领，作业人员不得进入工作地点。

（2）在未办理工作票终结手续以前，任何人员不准将停电设备合闸送电。

在工作间断期间，若有紧急需要，运行人员可在工作票未交回的情况下合闸送电，但应先通知工作负责人，在得到工作班全体人员已经离开工作地点、可以送电的答复后方可执行，并应采取下列措施。

1）拆除临时遮栏、接地线和标示牌，恢复常设遮栏，换挂"止步，高压危险！"的标示牌。

2）应在所有道路派专人守候，以便告诉工作班人员"设备已经合闸送电，不得继续工作"。守候人员在工作票未交回以前，不得离开守候地点。

（3）检修工作结束以前，若需将设备试加工作电压，应按下列条件进行。

1）全体工作人员撤离工作地点。

2）将该系统的所有工作票收回，拆除临时遮栏、接地线和标示牌，恢复常设遮栏。

3）应在工作负责人和运行人员进行全面检查无误后，由运行人员进行加压试验。工作班若需继续工作时，应重新履行工作许可手续。

（4）在同一电气连接部分用同一工作票依次在几个工作地点转移工作时，全部安全措施由运行人员在开工前一次做完，不需再办理转移手续。但工作负责人在转移工作地点时，应向工作人员交代带电范围、安全措施和注意事项。

（5）全部工作完毕后，工作班应清扫、整理现场。工作负责人应先周密地检查，待全体工作人员撤离工作地点后，再向运行人员交代所修项目、发现的问题、试验结果和存在问题等，并与运行人员共同检查设备状况、状态，有无遗留物件，是否清洁等，然后在工作票上填明工作结束时间。经双方签名后，表示工作终结。

待工作票上的临时遮栏已拆除，标示牌已取下，已恢复常设遮栏，未拆除的接地线、未拉开的接地刀闸等设备运行方式已汇报调度，工作票方告终结。

（6）只有在同一停电系统的所有工作票都已终结，并得到值班调度员或运行值班负责人的许可指令后，方可合闸送电。

（7）已终结的工作票、事故应急抢修单应保存1年。

2.7.2 保证安全的技术措施

（1）停电。

（2）验电。

（3）接地。

（4）悬挂标示牌和装设遮栏（围栏）。

上述措施由运行人员或有权执行操作的人员执行。

1. 停电

（1）工作地点，应停电的设备如下：

1）检修的设备。

2）与工作人员在进行工作中正常活动范围的距离小于工作人员工作中正常活动范围与设备带电部分的安全距离，见表2-2规定的设备。

表2-2　　　　　工作人员工作中正常活动范围与设备带电部分的安全距离

电压等级（kV）	安全距离（m）	电压等级（kV）	安全距离（m）
10及以下（13.8）	0.35	750	8.00
20、35	0.60	1000	9.50
63（66）、110	1.50	±50及以下	1.50
220	3.00	±500	6.80
330	4.00	±660	9.00
500	5.00	±800	10.10

3）带电部分在工作人员后面、两侧、上下，且无可靠安全措施的设备。

4）其他需要停电的设备。

（2）检修设备停电，应把各方面的电源完全断开（任何运行中的星形接线设备的中性点，应视为带电设备）。禁止在只经断路器（开关）断开电源或只经换流器闭锁隔离电源的设备上工作。应拉开隔离开关（刀闸），手车开关应拉至试验或检修位置，应使各方面有一个明显的断开点，若无法观察到停电设备的断开点，应有能够反映设备运行状态的电气和机械等指示。与停电设备有关的变压器和电压互感器，应将设备各侧断开，防止向停电检修设备反送电。

（3）检修设备和可能来电侧的断路器（开关）、隔离开关（刀闸）应断开控制电源和合闸电源，隔离开关（刀闸）操作把手应锁住，确保不会误送电。

（4）对难以做到与电源完全断开的检修设备，可以拆除设备与电源之间的电气连接。

2. 验电

（1）验电时，应使用相应电压等级、合格的接触式验电器，在装设接地线或合接地刀闸（装置）处对各相分别验电。验电前，应先在有电设备上进行试验，确证验电器良好；无法在有电设备上进行试验时可用工频高压发生器等确证验电器良好。

（2）高压验电应戴绝缘手套。验电器的伸缩式绝缘棒长度应拉足，验电时手应握在手柄处不得超过护环，人体应与验电设备保持表 2-1 中规定的距离。雨雪天气时不得进行室外直接验电。

（3）对无法进行直接验电的设备、高压直流输电设备和雨雪天气时的户外设备，可以进行间接验电，即通过设备的机械指示位置、电气指示、带电显示装置、仪表及各种遥测、遥信等信号的变化来判断。

判断时，至少应有两个非同样原理或非同源的指示发生对应变化且所有这些确定的指示均已同时发生对应变化，才能确认该设备已无电。以上检查项目应填写在操作票中作为检查项。检查中若发现其他任何信号有异常，均应停止操作，查明原因。若进行遥控操作，可采用上述的间接方法或其他可靠方法进行间接验电。

330kV 及以上的电气设备，可采用间接验电方法进行验电。

（4）表示设备断开和允许进入间隔的信号、经常接入的电压表等，如果指示有电，则禁止在设备上工作。

3. 接地

（1）装设接地线应由两人进行（经批准可以单人装设接地线的项目及运行人员除外）。

（2）当验明设备确已无电压后，应立即将检修设备接地并三相短路。电缆及电容器接地前应逐相充分放电，星形接线电容器的中性点应接地、串联电容器及与整组电容器脱离的电容器应逐个多次放电，装在绝缘支架上的电容器外壳也应放电。

（3）对于可能送电至停电设备的各方面都应装设接地线或合上接地刀闸（装置），所装接地线与带电部分应考虑接地线摆动时仍符合安全距离的规定。

（4）对于因平行或邻近带电设备导致检修设备可能产生感应电压时，应加装工作接地线或使用个人保安线，加装的接地线应登录在工作票上，个人保安线由工作人员自装自拆。

（5）在门型构架的线路侧进行停电检修，如工作地点与所装接地线的距离小于 10m，工作地点虽在接地线外侧，也可不另装接地线。

（6）检修部分若分为几个在电气上不相连接的部分［如分段母线以隔离开关（刀闸）或断路器（开关）隔开分成几段］，则各段应分别验电接地短路。降压变电站全部停电时，应将各个可能来电侧的部分接地短路，其余部分不必每段都装设接地线或合上接地刀闸（装置）。

（7）接地线、接地刀闸与检修设备之间不得连有断路器（开关）或熔断器。若由于设备原因，接地刀闸与检修设备之间连有断路器（开关），在接地刀闸和断路器（开关）合上后，应有保证断路器（开关）不会分闸的措施。

（8）在配电装置上，接地线应装在该装置导电部分的规定地点，这些地点的油漆应刮去，并划有黑色标记。所有配电装置的适当地点，均应设有与接地网相连的接地端，接地电阻应合格。接地线应采用三相短路式接地线，若使用分相式接地线时，应设置三相合一的接地端。

（9）装设接地线应先接接地端，后接导体端，接地线应接触良好，连接应可靠。拆接地线的顺序与此相反。装、拆接地线均应使用绝缘棒和戴绝缘手套。人体不得碰触接地线或未接地的导线，以防止触电。带接地线拆设备接头时，应采取防止接地线脱落的措施。

（10）成套接地线应用有透明护套的多股软铜线组成，其截面积不得小于 $25mm^2$，同时应满足装设地点短路电流的要求。

禁止使用其他导线作接地线或短路线。

接地线应使用专用的线夹固定在导体上，禁止用缠绕的方法进行接地或短路。

（11）禁止工作人员擅自移动或拆除接地线。高压回路上的工作，必须要拆除全部或一部分接地线后始能进行工作者［如测量母线和电缆的绝缘电阻，测量线路参数，检查断路器（开关）触头是否同时接触］，如：

1）拆除一相接地线。

2）拆除接地线，保留短路线。

3）将接地线全部拆除或拉开接地刀闸（装置）。

上述工作应征得运行人员的许可（根据调度员指令装设的接地线，应征得调度员的许可），方可进行。工作完毕后立即恢复。

（12）每组接地线均应编号，并存放在固定地点。存放位置亦应编号，接地线号码与存放位置号码应一致。

（13）装、拆接地线，应做好记录，交接班时应交代清楚。

4. 悬挂标示牌和装设遮栏（围栏）

（1）在一经合闸即可送电到工作地点的断路器（开关）和隔离开关（刀闸）的操作把手上，均应悬挂"禁止合闸，有人工作！"的标示牌。

如果线路上有人工作，应在线路断路器（开关）和隔离开关（刀闸）操作把手上悬挂"禁止合闸，线路有人工作！"的标示牌。对由于设备原因，接地刀闸与检修设备之间连有断路器（开关），在接地刀闸和断路器（开关）合上后，在断路器（开关）操作把手上，应悬挂"禁止分闸！"的标示牌。

在显示屏上进行操作的断路器（开关）和隔离开关（刀闸）的操作处均应相应设置"禁止合闸，有人工作！"或"禁止合闸，线路有人工作！"以及"禁止分闸！"的标记。

（2）部分停电的工作，安全距离小于表 2-1 规定距离以内的未停电设备，应装设临时遮栏，临时遮栏与带电部分的距离不得小于规定数值，临时遮栏可用干燥木材、橡胶或其他坚韧绝缘材料制成，装设应牢固，并悬挂"止步，高压危险！"的标示牌。

35kV 及以下设备的临时遮栏，如因工作特殊需要，可用绝缘隔板与带电部分直接接触。

（3）在室内高压设备上工作，应在工作地点两旁及对面运行设备间隔的遮栏（围栏）上和禁止通行的过道遮栏（围栏）上悬挂"止步，高压危险！"的标示牌。

（4）高压开关柜内手车开关拉出后，隔离带电部位的挡板封闭后禁止开启，并设置"止步，高压危险！"的标示牌。

（5）在室外高压设备上工作，应在工作地点四周装设围栏，其出入口要围至临近道路旁边，并设有"从此进出！"的标示牌。工作地点四周围栏上悬挂适当数量的"止步，高压危险！"标示牌，标示牌应朝向围栏里面。若室外配电装置的大部分设备停电，只有个别地点保留有带电设备而其他设备无触及带电导体的可能时，可以在带电设备四周装设全封闭围栏，围栏上悬挂适当数量的"止步，高压危险！"标示牌，标示牌应朝向围栏外面。禁止越过围栏。

（6）在工作地点设置"在此工作！"的标示牌。

（7）在室外构架上工作，则应在工作地点邻近带电部分的横梁上，悬挂"止步，高压危险！"的标示牌。

在工作人员上下铁架或梯子上，应悬挂"从此上下！"的标示牌。在邻近其他可能误登的带电构架上，应悬挂"禁止攀登，高压危险！"的标示牌。

（8）禁止工作人员擅自移动或拆除遮栏（围栏）、标示牌。因工作原因必须短时移动或拆除遮栏（围栏）、标示牌，应征得工作许可人同意，并在工作负责人的监护下进行。完毕后应立即恢复。

（9）直流换流站单极停电工作，应在双极公共区域设备与停电区域之间设置围栏，在围栏面向停电设备及运行阀厅门口悬挂"止步，高压危险！"标示牌。在检修阀厅和直流场设备处设置"在此工作"的标示牌。

2.8　人身触电及其防护　专科 A 类考点

2.8.1　电流对人体的伤害

1. 电击

电击是电流通过人体内部，对人体所产生的伤害，是最危险的触电伤害。

破坏了人体的心脏、呼吸和神经系统的正常工作，危及人的生命。

电击使人致死的原因包括：流过心脏的电流过大、持续时间过长，引起"心室纤维性颤动"而致死；因电流作用使人产生窒息而死亡；因电流作用使心脏停止跳动而死亡。

2. 电伤

电伤是指电流的热效应、化学效应、机械效应等对人体造成的外伤。

电伤可分为电灼伤、电烙伤、皮肤金属化和电光眼等四种。

（1）电灼伤。由于电流热效应而产生的电伤，如带负荷拉开隔离开关时的强烈电弧对皮肤的灼伤，也称为电弧伤害。灼伤的后果是皮肤发红、起泡以及烧焦、皮肤组织破坏等。

（2）电烙伤。发生在人体与带电体有良好接触的情况下，由电流的化学效应和机械效应产生的电伤，在皮肤表面留下和被接触带电体形状相似的肿块痕迹。有时在触电后并不立即出现，而是相隔一定时间才出现。电烙印一般不发炎或化脓，往往造成局部麻木和失去知觉。

（3）皮肤金属化。在电流作用下产生的高温电弧使电弧周围的金属熔化和蒸发而形成金属微粒，这些金属微粒渗入皮肤表面层，使皮肤受伤害的电伤。受伤的皮肤变得粗糙、硬化或局部皮肤变为绿色或暗黄色。

（4）电光眼。当发生弧光放电时，由红外线、可见光、紫外线对眼睛造成的伤害。电光眼表现为角膜炎或结膜炎，有时需要数日才能恢复视力。

2.8.2 影响电流对人体伤害程度的因素

电流对人体的伤害程度与通过人体电流的大小、电流通过人体的时间、电流的频率、人体的健康状况、电压的高低及电流通过人体的途径等因素有关。

1. 电流

通过人体的电流越大，人体的生理反应越强烈，对人体的伤害就越大。

按照人体对电流的生理反应强弱和电流对人体的伤害程度，可将电流大致分为感知电流、摆脱电流和致命电流三级。

上述这几种电流的大小与触电对象的性别、年龄以及触电时间等因素有关。

试验表明，当工频电流（50Hz）通过人体时，成年男性的平均感知电流为1mA，摆脱电流为10mA，致命电流为50mA（通过时间在1s以上时）。在一般情况下，取30mA为安全电流，即以30mA为人体所能忍受而无致命危险的最大电流。但在有高度触电危险的场所，应取10mA为安全电流；而在空中或水面触电时，考虑到人受电击后有可能会因痉挛而摔死或淹死，则应取5mA作为安全电流。

2. 电流通过人体的时间

电流通过人体的持续时间越长，越容易引起心室纤颤，其危险性就越大。

3. 电流的频率

一般说来，工频电流（50～60Hz）对人体的伤害最为严重；交流电的频率偏离工频频率越大，对人体伤害的危险性就越低。

4. 电流通过人体的途径

电流通过人体的途径不同，对人体的伤害程度也不同。但是电流无论以任何途径通过人体都可以致人死亡。电流通过心脏、中枢神经（脑部和脊髓）、呼吸系统是最危险的。因此，从左手到前胸是最危险的电流路径，这时心脏、肺部、脊髓等重要器官都处于电路内，很容易引起心室纤颤和中枢神经失调而死亡。从右手到脚的危险性要小些，但会因痉挛而摔倒，导致电流通过全身或出现二次事故。

5. 人体的健康状况

试验研究表明，触电危险性与人体状况有关。触电者的性别年龄、健康状况、精神状态和人体电阻都会对触电后果产生影响。人体越健康，耐受电流刺激的能力也就越强。

女性对电的敏感性比男性高，女性的感知电流和摆脱电流约比男性的低1/3，因此，在同等的触电电流下，女性比男性更难以摆脱。体弱多病者由于自身抵抗力较差，故比健康人更易受电伤害。酒醉、疲劳、心情欠佳等情况都会加重触电伤害程度。

6. 电压的高低

一般说来，当人体电阻一定时，人体接触的电压越高，通过人体的电流就越大。触电伤亡的直接原因在于电流在人体内引起的生理病变。电压越高，危害越大。

我国规定适用于一般环境的安全电压为 36V。

2.8.3　人体触电的方式

一般可分为直接触电和间接触电两种类型。此外，还有高压电场、高频电磁场、静电感应和雷击等触电方式。

1. 直接触电

人体直接触及或过分靠近电气设备及线路的带电导体而发生的触电现象称为直接触电。单相触电、两相触电和电弧伤害都属于直接接触触电。

（1）单相触电。人体直接碰触带电设备或线路的一相带电导体时，电流通过人体而发生的触电现象称之为单相触电。其危害程度与电压的高低、电网的中性点是否接地、每相对地电容量大小有关。

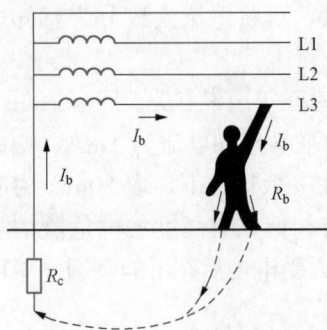

图 2-23　中性点接地系统
中人体单相触电

1）中性点接地对触电程度的影响。中性点接地系统中人体单相触电，如图 2-23 所示。在中性点直接接地的电网中发生单相触电时，设人体与大地接触良好，土壤电阻忽略不计，由于人体电阻比中性点工作接地电阻大得多，加于人体的电压几乎等于电网相电压，对于 380/220V 三相四线制电网，相电压为 220V，若人体电阻按 1700Ω 考虑，则流过人体的电流为 129mA，足以危及触电者的生命。

显然，单相触电的后果与人体和大地间的接触状况有关。如果人体站立在干燥的绝缘地板上，由于人体与大地间有很大的绝缘电阻，通过人体的电流就很小，不会造成触电危险。如果地板潮湿，就有触电危险。

2）中性点不接地对触电程度的影响。中性点不接地系统中人体单相触电，如图 2-24 所示。中性点不接地电网中发生单相触电时，电流将从电源火线经人体、其他两相的对地阻抗（由线路的绝缘电阻和对地电容构成）回到电源的中性点形成回路，此时，通过人体的电流与线路的绝缘电阻和对地电容有关。在低压电网中，对地电容很小，通过人体的电流主要取决于线路绝缘电阻，正常情况下，设备的绝缘电阻相当大，通过人体的电流很小，一般不致造成对人体的伤害。但当线路绝缘下降时，单相触电对人体的危害仍然存在。而在高压中性点不接地电网中（特别在对地电容较大的电缆线路上）线路对地电容较大，通过人体的电容电流，将危及触电者的安全。

（2）两相触电。两相触电是指人体同时触及带电设备或线路中的两相导体而发生的触电方式，两相触电时，作用于人体上的电压为线电压，电流将从一相导体经人体流入另一相导体，这种情况是很危险的。人体两相触电如图 2-25 所示。以 380/220V 三相四线制为例，加在人体的电压为 380V，若人体电阻按 1700Ω 考虑，则流过人体内的电流将达 224mA，足以致人死亡。因此，两相触电要比单相触电严重得多。

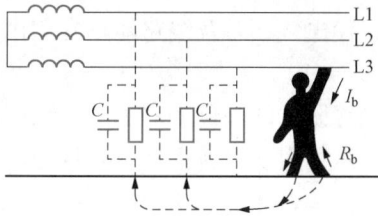

图 2-24　中性点不接地系统中人体单相触电

图 2-25　人体两相触电

2. 间接触电

人体触及正常情况下不带电，而故障情况下变为带电设备外露的导体，所引起的触电现象，称为间接触电。

例如，电气设备在正常运行时，其金属外壳或结构是不带电的。当电气设备绝缘损坏而发生接地短路故障（俗称"碰壳"或"漏电"）时，其金属外壳便带有电压，人体触及便会发生触电，此谓间接触电。

（1）跨步电压触电。当电气设备发生接地故障（绝缘损坏）或线路的一相发生带电导线断线落在地面时，故障电流（接地电流）就会从接地体或导线落地点向大地流散，形成对地电位分布。与电流入地点的距离越小，电位越高；与电流入地点的距离越大，电位越低。在远离入地点 10m 处时，电位已降至电流入地点电位的 8％；20m 以外处，电位近似为零。

如果有人进入 20m 以内区域行走，其两脚之间（人的跨步一般按 0.8m 考虑）的电位差就是跨步电压。人体距电流入地点越近，其所承受的跨步电压越高。人体受到跨步电压作用时，电流将从一只脚经跨部到另一只脚与大地形成回路。触电者的症状是脚发麻、抽筋、跌倒在地。跌倒后，电流可能改变路径（如从头到脚或手）而流经人体重要器官，使人致命。由跨步电压引起的触电，称为跨步电压触电。

跨步电压触电还会发生在架空导线接地故障点附近或导线断落点附近、防雷接地装置附近地面等。

（2）接触电压及接触电压触电。当电气设备因绝缘损坏而发生接地故障时，如人体的两个部分（通常是手和脚）同时触及漏电设备的外壳和地面，人体两部分分别处于不同的电位，其间的电位差即为接触电压。

接触电压的大小随人体站立点的位置而异。当人体距离接地体越远时，接触电压越大；当人体站在距接地体 20m 以外处与带电设备外壳接触时，接触电压达到最大值，为带电设备外壳的对地电压；当人体站在接地体附近与设备外壳接触时，接触电压近于零。由于人穿着靴（鞋）及地板能减小接触电压，故人体受到的实际接触电压要小于带电设备的对地电压。

接触电压和跨步电压的大小与接地电流的大小、土壤电阻率、设备接地电阻及人体位置等因素有关。当人穿着靴（鞋）时，由于地板和靴（鞋）的绝缘电阻上有电压降，人体受到的接触电压和跨步电压将明显降低。

2.8.4　防止触电的安全技术

在各种触电事故中，最常见的是人体间接触电。防止间接触电的主要技术有绝缘防护、保护接地、保护接零和漏电保护等。

1. 绝缘防护

使用绝缘材料将带电导体封护或隔离起来，使电气设备及线路能正常工作，防止人身触电，这就是所谓的绝缘防护。

用绝缘布带把裸露的接线头包扎起来就是绝缘防护的一例。完善的绝缘可保证人身与设备的安全；绝缘不良，会导致设备漏电、短路，从而引发设备损坏及人身触电事故。因此绝缘防护是最基本的安全保护措施。

绝缘材料的绝缘性能恶化或破坏将引起绝缘事故。预防电气设备绝缘事故的措施如下。

（1）不使用质量不合格的电气产品。

（2）按规程和规范安装电气设备或线路。

（3）按工作环境和使用条件正确选用电气设备。

（4）按照技术参数使用电气设备，避免过电压和过负荷运行。

（5）正确选用绝缘材料。

（6）按规定的周期和项目对电气设备进行绝缘预防性试验。

（7）改善绝缘结构。

（8）在搬运、安装、运行和维修中，避免电气设备的绝缘结构受机械损伤、受潮和脏污。

（9）在中性点不接地的电力系统中装设绝缘监察装置。

2. 保护接地

为防止人身触电，将电气设备的金属外壳与接地体连接起来，称为保护接地。

采用保护接地后，可使人体触及漏电设备时的接触电压明显降低，仅能减轻触电的危险程度，不能完全保证人身安全，所以保护接地只适用于中性点不接地的低压电网中。

3. 保护接零

保护接零是指将电气设备金属外壳与电网的零线（变压器接地的中性线）相连接。三相四线制系统目前广泛采用保护接零作为防止间接触电的技术措施。

电动机正常运行时，零线不带电压，由于电动机的外壳是与电源零线相连接的，人体触摸设备外壳等于触摸零线，并无触电的危险。

当电动机发生"碰壳"故障时，电动机的金属外壳将相线与零线直接连通，单相接地故障遂成为单相短路。设备发生"碰壳"事故后的等值电路图，如图 2 - 26 所示。

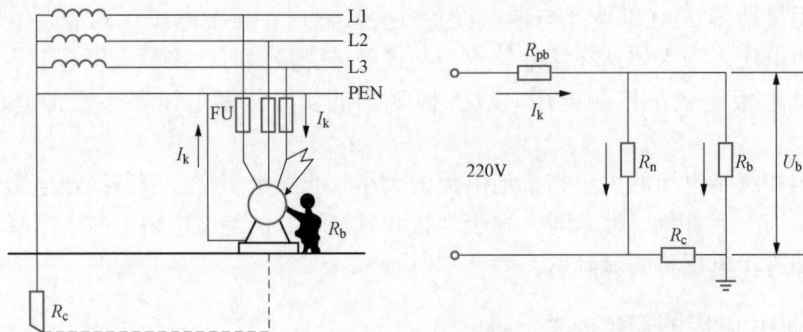

图 2 - 26　设备发生"碰壳"事故后的等值电路图

因零线阻抗很小，短路电流可达到电动机额定电流的几倍甚至几十倍，一般情况下，短路电流的数值足以使线路上的熔断器或其他过电流保护装置迅速动作而切断电源。

从设备"碰壳"发生短路到过电流保护装置动作切断电源的时间间隔内，触及设备外壳的人体是要承受电压，当忽略线路感抗、并考虑 $R_b \gg R_n$、$R_b \gg R_c$ 时，人体所承受的电压近似等于短路电流在零线电阻上的压降。

$$U_b \approx I_k R_n \qquad U_n = \frac{U}{R_{ph} + R_n} R_n$$

假设相线截面积为零线的 2 倍，则人体所承受的电压为 147V，对人体仍是危险的。因此保护接零的有效性在于线路的短路保护装置在"碰壳"发生短路故障后灵敏地动作，迅速切断电源。

4. 漏电保护

（1）剩余电流动作保护器的作用及类型。剩余电流动作保护器（又称漏电开关、触电保安器等），是一种在规定条件下，当漏电电流达到或超过给定值时，便能自动断开电路的一种机械式开关电器或组合电器。

漏电保护的作用：一是电气设备（或线路）发生漏电或接地故障时，能在人尚未触及之前就把电源切断；二是当人体触及带电体时，能在极短的时间内切断电源，从而减轻电流对人体的伤害程度。此外，还可以防止漏电引起的火灾事故。漏电保护作为防止低压触电伤亡事故的后备保护，已被广泛地应用在低压配电系统中。

低压剩余电流动作保护器的种类、型号繁多，在原理上一般可分为电压型和电流型两大类。目前广泛采用的是反映零序电流的电流型剩余电流动作保护器。

（2）电流型剩余电流动作保护器的工作原理。对中性点直接接地的低压供电系统，可采用电流型剩余电流动作保护器，将四根（三相四线）或两根（单相）电源线全部穿过零序电流互感器。在正常工作时，三相四线制系统中流过三相的电流相量之和等于零，零序电流互感器中的总磁通也等于零，二次绕组中无电流输出。当外部线路有触电或因绝缘损坏发生碰壳接地短路时，流过人体的电流经大地回到电源中性点成为回路，便破坏了零序电流互感器中电流的平衡，漏电电流在互感器中产生了磁通，二次绕组即感应出电流，使电流继电器动作，切断主回路断路器，停止供电，达到触电保护的目的。

2.8.5 现场实习人员注意事项

（1）现场实习人员在平时工作或行走时，一定要格外小心，当发现设备出现接地故障或导线断线落地时，人要远离断线落地区。

（2）一旦不小心步入断线落地区且感觉到有跨步电压时，应赶快把双脚并在一起或用一条腿跳着离开断线落地区。

（3）当必须进入断线落地区救人或排除故障时，应穿绝缘靴（鞋）。

（4）加强现场实习人员对规章制度的执行，使其了解和掌握必要的触电知识。作业时应穿戴必要的防护用品和采用必要的安全措施；在危险场所不要穿羊毛或化纤物品；作业、巡视、检查时，不得携带与工作无关的金属物品。

（5）在停电的电气设备和线路上工作时，必须按要求挂好接地线，戴好安全帽；高处作业时应系好安全带，挂牢救命绳，必要时还可以挂好个人辅助接地线。

（6）使用电气工具、移动电源盘必须带有高灵敏的剩余电流动作保护器；在金属容器（如汽鼓、凝汽器、槽箱等）内工作时，必须使用 24V 以下的电气工具。否则需使用Ⅱ类工具，装设额定动作电流不大于 15mA，动作时间不大于 0.1s 的剩余电流动作保护器，且应设专人在外不间断地监护。剩余电流动作保护器、电源连接器和控制箱等应放在容器的外面。

（7）现场作业使用行灯时应遵守如下规定。

1）行灯电压不准超过 36V。在特别潮湿或周围均属金属导体的地方工作时，如在汽鼓、凝汽器、加热器、蒸发器、除氧器以及其他金属容器或水箱等内部，行灯的电压应不超过 12V。

2）行灯电源应由携带式或固定的降压变压器供给，变压器不准放在汽鼓、燃烧室及凝汽器等的内部。

3）携带式行灯变压器的高压侧应带插头，低压侧带插座，并采用两种不能互相插入的插头。

4）行灯变压器的外壳须有良好的接地线，高压侧最好使用三线插头。

习题

1. 电气主接线的基本要求不包括（　　）。

A. 可靠性　　　　　　　　　　　　B. 灵活性

C. 选择性　　　　　　　　　　　　D. 经济性

2. 在可靠性分析中，最主要的基础统计数据是（　　）。

A. 停电频率　　　　　　　　　　　B. 每次停电的持续时间

C. 用户在停电时的生产损失　　　　D. 断路器的可靠性

3. 有汇流母线的电气主接线是（　　）。

A. 单元接线　　　　　　　　　　　B. 一台半断路器接线

C. 桥形接线　　　　　　　　　　　D. 角形接线

4. 线路停电操作顺序正确的是（　　）。

A. 断开线路侧隔离开关、断开母线侧隔离开关、断开断路器

B. 断开母线侧隔离开关、断开线路侧隔离开关、断开断路器

C. 断开断路器、断开线路侧隔离开关、断开母线侧隔离开关

D. 断开断路器、断开母线侧隔离开关、断开线路侧隔离开关

5. 关于单母线接线描述错误的是（　　）。

A. 任一断路器检修，该回路停电

B. 母线及母线隔离开关故障或检修全停电

C. 35～63kV 配电装置出线不超过 3 回可采用单母线接线

D. 接线简单清晰、设备少、投资小、操作方便、便于扩建、运行调度灵活

6. 对于单母线分段接线描述错误的是（　　）。

A. 分段断路器检修将造成全停电

B. 任一回路断路器检修，影响该回路的供电

C. 一段母线故障或检修，不影响另一段运行

D. 110～220kV 配电装置出线为 3～4 回时，采用单母线分段接线

7. 关于双母线的描述不正确的是（　　　）。

A. 可轮流检修母线，不中断供电

B. 母线故障时，可迅速恢复供电

C. 检修任一母线隔离开关时，不影响其他回路运行

D. 比相同回路的单母线分段接线多用 1 台断路器

8. 对于一台半断路器接线描述错误的是（　　　）。

A. 任一断路器检修不影响供电

B. 电源线宜与负荷线配对成串

C. 任一隔离开关检修不影响供电

D. 任一母线或母线隔离开关故障或检修均不影响供电

9. 关于变压器选择描述不正确的是（　　　）。

A. 机组容量为 125MW 及以下的发电厂多采用三绕组变压器

B. 在一个发电厂或变电站中采用三绕组变压器台数一般不多于 3 台

C. 110kV 及以下变压器应至少有一级电压的变压器采用有载调压

D. 单元接线的主变容量应按发电机的额定容量扣除本机组的厂用负荷进行选择

10. 关于互感器配置描述错误的是（　　　）。

A. 发电机一般装 2～3 组电压互感器

B. 对于中性点直接接地系统，一般按三相配置电流互感器

C. 除工作母线、备用母线外，旁路母线也应配置一组电压互感器

D. 用于自动调节励磁装置的电流互感器与电压互感器应布置在发电机定子绕组出线侧

第3章

限制短路电流的方法

短路电流通过电气设备时，将引起设备短时发热，并产生巨大的电动力，直接影响电气设备的选择和安全运行。在发电机电压母线或发电机出口处短路，短路电流可达几万安至几十万安。为使电气设备能承受短路电流的冲击，往往需选用加大容量的电气设备，不仅增加投资，甚至会因开断电流不能满足而选不到符合要求的高压电气设备。为了合理地选择轻型电器和较小截面的母线及电缆，在主接线设计时，应考虑采取限制短路电流的措施。

3.1 装设限流电抗器 A 类考点

3.1.1 普通电抗器

1. 母线电抗器

装在发电机电压母线（6kV 或 10kV）分段处的电抗器能有效地降低发电机出口断路器、母线分段断路器、母线联络断路器以及变压器低压侧断路器所承受的短路电流，母线分段电抗器见电抗器应用如图 3-1 所示中的 L1。

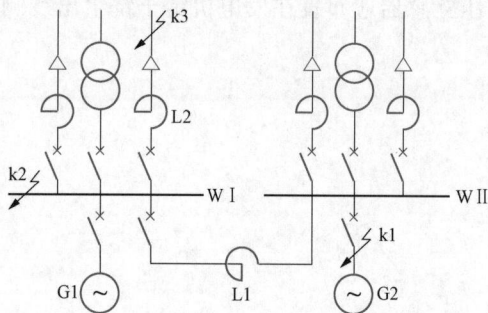

图 3-1 电抗器应用

L1—母线分段电抗器；L2—线路电抗器

母线电抗器的额定电流通常按母线上事故切除最大一台发电机时，可能通过电抗器的电流进行选择，一般取发电机额定电流的 50%～80%，电抗百分值取为 8%～12%，电抗百分值 $x_L\% = \dfrac{\sqrt{3}x_L I_N}{U_N} \times 100$，两段母线间的电压降也不大，电能损耗少，因此优先采用。

2. 线路电抗器

线路电抗器用来限制电缆馈线回路短路电流。为了出线能选用轻型断路器，同时馈线的电缆也不致因短路发热而需加大截面，常在出线端加装线路电抗器，线路电抗器见电抗器应用如图 3-1 所示中的 L2。通常不在架空线路上装设线路电抗器。

在馈线上装设电抗器后，当馈线短路时，不仅限制了短路电流，而且能在母线上维持较高的剩余电压，一般都大于 65%U_N，使母线上的电压波动较小，保证了非故障线路上的用户设备运行的稳定性。

在直配线路上安装电抗器，正常运行时将产生较大的电压损失（一般要求不应大于 5%U_N）和较多的功率损耗。当在分段上装设母线电抗器或在发电机、主变压器回路装设分裂电抗器不满足要求时，再考虑在出线上装设线路电抗器。线路电抗器的额定电流多为 300～600A，电抗百分值取 3%～6%。

3.1.2 分裂电抗器

1. 正常工作时

正常工作时，分裂电抗器可由中间向两臂或两臂向中间供电，其中分裂电抗器中间向两臂供电原理图及等值电路图如图3-2所示。

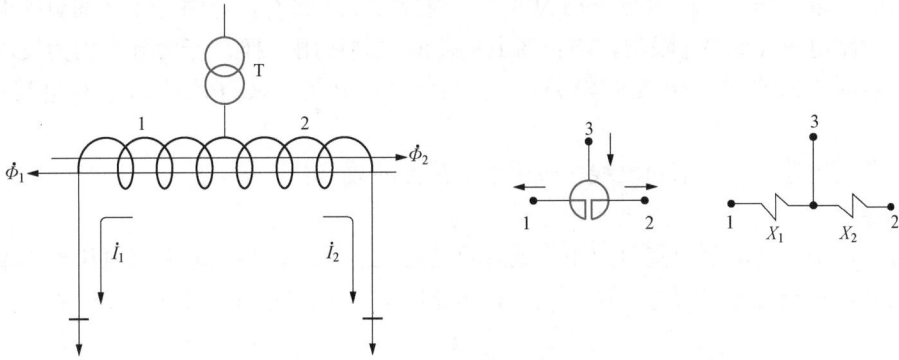

图3-2 分裂电抗器中间向两臂供电原理图及等值电路图

两臂中通过大小相等、方向相反的电流，产生方向相反的磁通，则每臂的运行电抗（穿越电抗）为

$$X_1 = X_2 = X_L - X_M = X_L - fX_L = (1-f)X_L$$

一般互感系数 $f = 0.4 \sim 0.6$，取 $f = 0.5$，则正常工作时，每臂运行电抗 $X_1 = X_2 = 0.5X_L$。

将两个分支负荷等效为一个总负荷，则分裂电抗器的等值运行电抗仅为每臂自感电抗的 $1/4$。

2. 当其中一个分支出现短路（或由中间和一臂向另一臂供电）

分裂电抗器一个分支短路原理图及等值电路图如图3-3所示，对臂2提供的短路电流 I_{kG} 和系统提供的短路电流 I_{kS} 在分裂电抗器中的流向是相同的，磁通方向也相同。

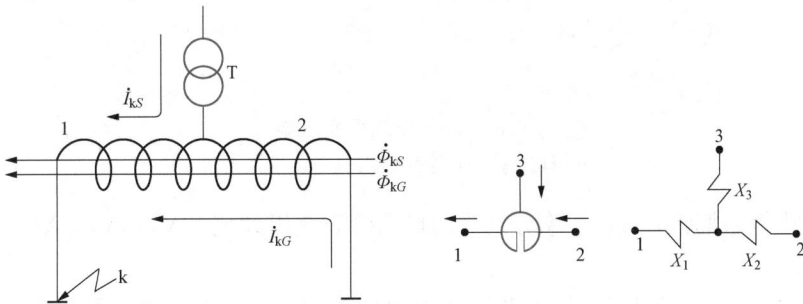

图3-3 分裂电抗器一个分支短路原理图及等值电路图

$$X_1 = X_2 = X_L + X_M = X_L(1+f)$$
$$X_{12} = X_1 + X_2 = 2X_L(1+f)$$
$$X_3 = -fX_L$$

当 $f=0.5$ 时，$X_{12}=3X_L$

分裂电抗器能有效的限制另一臂送来的短路电流。

3. 优点

正常运行时电压损失小。每臂的运行电抗 $X=0.5X_L$，将两个分支负荷等效为一个总负荷，则分裂电抗器的等值运行电抗仅为每臂自感电抗的 $1/4$。

短路时有限流作用。若两分支均为负荷，当分支 1 短路时，忽略分支 2 的负荷电流，来自系统的短路电流受到 X_L 限制，与普通电抗器的限制作用一样；若两分支均为发电机，则分支 1 短路时，来自另一分支的短路电流受到 $3X_L$ 限制，来自系统的短路电流受到 X_L 限制。

比普通电抗器多供一倍的出线，减少了电抗器的数目。

4. 缺点

正常运行中，当两个分支负荷不等或者负荷变化过大时，将引起两臂电压产生偏差，造成电压波动，甚至可能出现过电压。当一臂短路时，会引起另一臂母线电压升高。

3.2　采用低压分裂绕组变压器　A 类考点

采用低压分裂绕组变压器组成发电机—变压器扩大单元接线，以限制短路电流。分裂绕组变压器如图 3-4 所示，分裂绕组变压器有一个高压绕组和两个低压的分裂绕组，两个分裂绕组的额定电压和额定容量相同，匝数相等。两个分裂绕组有漏抗，一台发电机出口短路，另一台发电机送来的短路电流就受到限制。

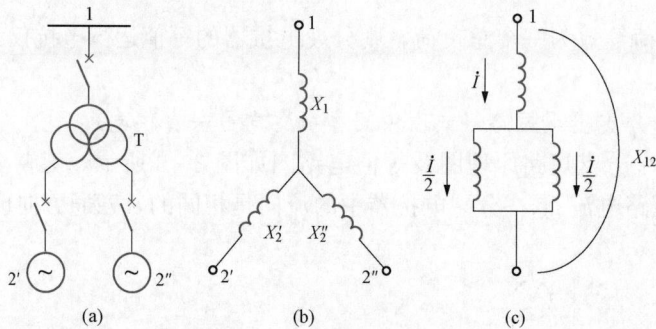

图 3-4　分裂绕组变压器
（a）原理图；（b）等值电路图；（c）穿越电抗

X_1 为高压绕组漏抗，X_2'、X_2'' 分别为两低压分裂绕组漏抗，$X_2'=X_2''=X_2$。

1. 正常工作

若通过高压绕组电流为 I，每个低压绕组流过相同的电流为 $I/2$，则高低压绕组正常工作时的等值电抗称为穿越电抗，其值为 $X_{12}=X_1+X_2/2$。

2. 任一低压侧发电机出口处短路

该处与另一低压侧发电机之间的短路电抗称为分裂电抗，其值为 $X_{2'2''}=X_2'+X_2''=2X_2$。

当任一低压侧发电机出口处短路，该处与系统间短路电抗称为半穿越电抗 $X_{12}'=X_1$

$+X_2$。

低压分裂绕组正常运行时的穿越电抗值较小，当一个分裂绕组出线端口发生短路时，来自另一分裂绕组端口的短路电流将遇到分裂电抗的限制，来自系统的短路电流则遇到半穿越电抗的限制，这些电抗值都很大，能起到限制短路电流的作用。

变压器制造厂家仅提供分裂变压器的穿越电抗 X_{12}、半穿越电抗 X'_{12} 和分裂系数 K_f 的数值。K_f 是两个分裂绕组间的分裂电抗与穿越电抗的比值。

$$K_f = \frac{X_{2'2''}}{X_{12}} = \frac{2X_2}{X_1 + X_2/2}$$

根据 X_{12} 和 K_f 的定义，可得到高压绕组电抗和两个分裂绕组电抗

$$X_1 = X_{12}\left(1 - \frac{1}{4}K_f\right)$$

$$X'_2 = X''_2 = \frac{1}{2}K_f X_{12}$$

$$X_{12} = X'_{12}\Big/\left(1 + \frac{1}{4}K_f\right)$$

$$X'_{12} = X_{12}\left(1 + \frac{1}{4}K_f\right)$$

分裂绕组变压器的绕组在铁芯上的布置的特点：两个低压分裂绕组之间有较大的短路阻抗；每一分裂绕组与高压绕组之间的短路阻抗较小，且相等。

运行特点：当一个分裂绕组低压侧发生短路时，另一未发生短路的低压侧仍能维持较高的电压，以保证该低压侧上的设备能继续运行。

3.3 选择适当的主接线形式和运行方式 A 类考点

（1）大容量发电机采用单元接线。

大容量发电机采用单元接线，尽可能在发电机电压级不采用母线，不在机端并列。

（2）降压变电站中可采用变压器低压侧分列运行方式，即所谓"母线硬分段"接线方式，变压器低压侧分列运行如图 3-5（a）所示。

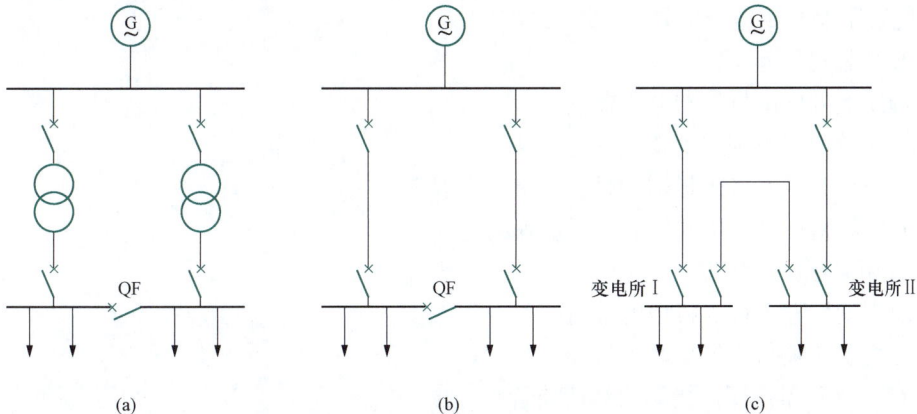

图 3-5 采用适当运行方式限制短路电流

（a）变压器低压侧分列运行；（b）双回线路分开运行；（c）环形网络开环运行

（3）双回路供电电路，在负荷允许的条件下可采用单回路运行（或分开运行），双回线路分开运行如图 3-5（b）所示。

（4）在环形电网某一穿越功率最小处开环运行，或将发电厂高压母线分列运行，环形网络开环运行如图 3-5（c）所示。

这些接线形式和采取的运行方式的目的在于增大系统阻抗，减小短路电流，选用时应综合评估对主接线供电可靠性、运行灵活性、经济性和对系统稳定性的影响。

3.4 规程及设计手册限制短路电流方法 C 类考点

1. 从电网结构上采取的限流措施

（1）在电力系统的主网加强联系后，将次级电网解环运行。

（2）在允许的范围内，增大系统的零序阻抗。

（3）采用高阻抗变压器。

（4）根据供电的需要，提高电力系统的电压等级。

（5）采用直流输电或直流联网。

2. 发电厂和变电所中可以采取的限流措施

（1）在发电机电压母线分段回路中安装电抗器。

（2）变压器分列运行。

（3）变电所中，在变压器回路中串联限流装置。

（4）6～10kV 线路加装限流电抗器。

习题

1. 不能限制短路电流的是（   ）。

A. 串联电抗器

B. 并联电抗器

C. 采用分裂低压绕组变压器

D. 采取适当的主接线形式和运行方式

2. 能够限制短路电流的是（   ）。

A. 变压器分列运行

B. 母线上并联电抗器与电容器

C. 变压器中性点加装消弧线圈

D. 小电流接地系统变压器中性点经高电阻接地

3. 下列限制短路电流方法中，不正确的是（   ）。

A. 选用高阻抗变压器

B. 减少变压器中性点接地的数目

C. 在主变压器低压侧串联电抗器

D. 在主变压器低压侧接无功补偿装置

4. 分裂电抗器中间抽头接电源，两臂接负荷，取互感系数为 0.5，描述错误的是（   ）。

A. 正常运行时，每臂的运行电抗仅相当于自感电抗的 0.5 倍

B. 分裂电抗器正常运行时电抗小、损耗小，短路时电抗大、限流能力强

C. 当一臂短路时，来自系统的短路电流受到单臂自感电抗限制

D. 当一臂短路时，来自另一臂的短路电流受到单臂自感电抗限制

5. 不属于母线分段电抗器特点的是（　　）。

A. 电能损耗少、优先采用

B. 电抗百分值一般取 8%～12%

C. 额定电流一般不低于发电机的最大持续工作电流

D. 能有效地限制通过发电机出口断路器的短路电流

6. 关于线路上串联电抗器的描述不正确的是（　　）。

A. 限制短路电流选择轻型断路器

B. 不仅限制了短路电流，还能维持母线残压

C. 正常运行时的电压损失一般不应大于额定电压的 5%

D. 额定电流小，电抗百分值小，电压损失和功率损耗小

7. 关于分裂低压绕组变压器的描述不正确的是（　　）。

A. 两个低压分裂绕组之间有较大的短路阻抗

B. 低压分裂绕组正常运行时的穿越电抗值较小

C. 当一个分裂绕组低压侧发生短路时，来自系统的短路电流受到分裂电抗的限制

D. 当一个分裂绕组低压侧发生短路时，另一未发生短路的低压侧仍能维持较高的电压

8. 若分裂低压绕组变压器的穿越电抗为 10%、分裂系数为 3.5，则低压分裂绕组的漏抗为（　　）。

A. 10%　　　　　　　B. 17.5%　　　　　　　C. 8.5%　　　　　　　D. 35%

9. 对线路装设的限流电抗器的描述，正确的是（　　）。

A. 电抗器结构为铁芯式

B. 串联在 6～10kV 电缆线路首端

C. 并联在 330kV 及以上架空线路末端

D. 并联在 330kV 及以上架空线路首端

10. 采取适当的主接线形式和运行方式，其目的在于（　　）。

A. 提高经济性

B. 提高供电的可靠性

C. 提高运行的灵活性

D. 增大系统阻抗，减小短路电流

第4章

电气设备的选择

4.1　高压电器选择的一般条件　A类考点

尽管各种电气设备的作用和工作条件并不一样，具体选择方法也不完全相同，对它们的基本要求却是一致的。电气设备要能可靠地工作，必须按正常工作条件进行选择，并按短路状态来校验热稳定和动稳定。

各种高压电气设备选择电器的一般技术条件见表4-1。

表4-1　　　　　　　　　　　　　选择电器的一般技术条件

电器名称	额定电压	额定电流	额定容量	机械荷载	额定开断电流	短路稳定性		绝缘水平
						热稳定	动稳定	
断路器	★	★		★	★	★	★	★
GIS（封闭电器）	★	★		★	★	★	★	★
隔离开关	★	★		★		★	★	★
负荷开关	★	★		★		★	★	★
组合电器	★	★		★		★	★	★
导体型穿墙套管	★	★		★		★	★	★
母线型穿墙套管	★			★		★	★	★
支柱绝缘子	★			★			★	★
电抗器	★	★	★（kvar）	★		★	★	★
电流互感器	★	★	★（VA）	★		★	★	★
电压互感器	★		★（VA）	★				★
消弧线圈	★	★	★（kVA）	★				★
熔断器	★	★		★	★			★
避雷器	★			★				★

4.1.1　按照正常工作条件选择

1. 额定电压

电气设备允许的最高工作电压不得低于所接电网的最高运行电压。通常，规定一般电气设备允许的最高工作电压为设备额定电压的 1.1～1.15 倍，而电网运行电压的波动范围，一般不超过电网额定电压的 1.1 倍。因此，在选择电气设备时，一般可按照电气设备的额定电压 U_N 不低于装置地点电网额定电压 U_{SN} 的条件选择，即 $U_N \geqslant U_{SN}$。3kV 及以上电压等级的交流三相系统电气设备最高电压值见表 4-2。

表 4-2　　　　　　3kV 及以上电压等级的交流三相系统电气设备最高电压值　　　　（单位：kV）

系统标称电压	设备最高电压	系统标称电压	设备最高电压
3	3.6	110	126
6	7.2	220	252
10	12	330	363
20	24	500	550
35	40.5	750	800
66	72.5	1000	1100

2. 额定电流

电气设备的额定电流 I_N 是指，在额定环境温度 θ_0 下，电气设备的长期允许电流。I_N 应不小于该回路在各种合理运行方式下的最大持续工作电流 I_{max}，即 $I_N \geqslant I_{max}$。各回路持续工作电流计算见表 4-3。

表 4-3　　　　　　　　　　　各回路持续工作电流计算

回路名称		持续工作电流计算
出线	带电抗器出线	电抗器额定电流
	单回线	线路最大负荷电流
	双回线	1.2～2 倍一回线的正常最大负荷电流
变压器		1.05 倍变压器额定电流
		1.3～2.0 倍变压器额定电流（要求承担另一台变压器事故或检修时转移的负荷）
母线联络回路		取母线上最大一台发电机或变压器的 I_{max}
母线分段回路		分段电抗器额定电流
		考虑电源元件事故后仍能保证该段母线负荷
		分段电抗器一般发电厂为最大一台发电机额定电流的 50%～80%
发电机回路		1.05 倍发电机额定电流
电动机回路		电动机的额定电流

3. 环境条件

选择导体和电器时，应按当地环境条件校核。当气温、风速、湿度、污秽、海拔、地震、覆冰等环境条件超出一般电器的基本使用条件时，应通过技术、经济比较分别采取相应措施。

（1）温度。一般电器允许的周围空气温度为：电器的正常使用环境温度一般不超过 40℃。选择导体和电气设备的环境最高温度宜采用表 4-4 所列数值。

表 4-4　　　　　　　　　　选择导体和电气设备的环境最高温度

裸导体	屋外安装	最热月平均最高温度（最热月每日最高温度的月平均值；取多年平均值）
	屋内安装	该处通风设计温度。当无资料时，取最热月平均最高温度加 5℃

电气设备	屋外安装	年最高温度（一年中所测量的最高温度的多年平均值）
	屋内电抗器	该处通风设计最高排风温度
	屋内其他	该处通风设计温度。当无资料时，取最热月平均最高温度加5℃

注　1. 年最高（或最低）温度为一年中所测量的最高（或最低）温度的多年平均值。

　　2. 最热月平均最高温度为最热月每日最高温度的月平均值，取多年平均值。

如周围环境温度高于+40℃（但≤+60℃）时，其允许电流一般可按每增高1℃，额定电流减少1.8%进行修正；当环境温度低于+40℃时，环境温度每降低1℃，额定电流可增加0.5%，但其最大电流不得超过额定电流的20%。

（2）海拔。电器一般使用条件为海拔不超过1000m，安装在海拔超过1000m地区的电器外绝缘应予加强；一般当海拔在1000~3500m范围内，若海拔比厂家规定值每升高100m，则电气设备允许最高工作电压要下降1%。当最高工作电压不能满足要求时，应采用高原型电气设备，或采用外绝缘高一电压等级的产品。对于110kV及以下电气设备，由于外绝缘裕度较大，可在海拔2000m以下使用。

（3）风速。选择导体和电器时所用的最大风速，可取离地面10m高、30年一遇的10min平均最大风速。最大设计风速超过35m/s的地区，可在屋外配电装置的布置中采取措施。500kV电器宜采用离地面10m高、50年一遇10min平均最大风速。

（4）电晕与无线电干扰。电器及金具在1.1倍最高工作相电压下，晴天夜晚不应出现可见电晕，110kV及以上电压户外晴天无线电干扰电压不宜大于500μV。

4.1.2　按照短路条件校验

1. 短路电流计算条件

（1）容量和接线。按工程设计最终容量计算，并考虑电力系统远景发展规划（一般为工程建成后5~10年）；其接线应采用可能发生最大短路电流的正常接线方式，不考虑在切换过程中可能短时并列的接线方式（如切换厂用变压器时并列）。

（2）短路种类。导体和电器的动、热稳定及电器的开断电流，一般按三相短路验算，若其他种类短路较三相短路严重时，则应按最严重的情况验算。

（3）计算短路点。短路计算点确定如图4-1所示，在计算电路图中，同电位的各短路点的短路电流值均相等，但通过各支路的短路电流，将随着短路点的不同位置而不同。在校验电气设备和载流导体时，必须确定出电气设备和载流导体处于最严重情况的短路点，使通过的短路电流校验值为最大。

1）两侧均有电源的断路器，应比较断路器前后短路时通过断路器的电流值，择其大者为短路计算点。

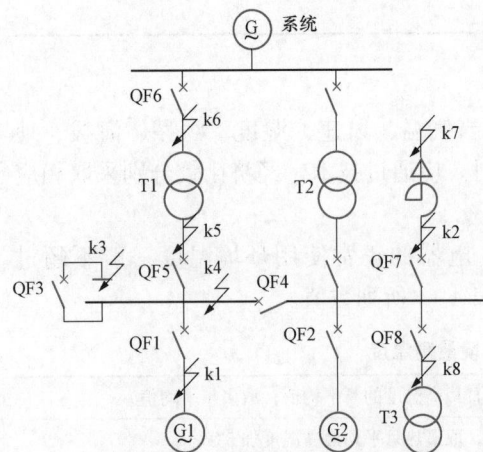

图4-1　短路计算点确定

2）母联断路器应考虑当采用母联断路器向备用母线充电时，备用母线故障，流过该备用母线的全部短路电流。

3）带电抗器的出线回路，由于干式电抗器工作可靠性较高，且断路器与电抗器间的连线很短，故障几率小，一般可选电抗器后为计算短路点，这样出线可选用轻型断路器，以节约投资。

2. 短路计算时间

（1）热稳定短路计算时间。为继电保护动作时间 t_{pr} 和相应断路器的全开断时间 t_{br} 之和，即 $t_k = t_{pr} + t_{br}$。

验算电气设备时宜采用后备保护动作时间；验算裸导体宜采用主保护动作时间，如主保护有死区时，则采用能对该死区起作用的后备保护动作时间，并采用相应处的短路电流值；验算电缆时，对电动机等直馈线应取主保护动作时间，其余宜按后备保护动作时间。

断路器全开断时间 t_{br} 是指给断路器的分闸脉冲传送到断路器操动机构的跳闸线圈时起，到各相触头分离后电弧完全熄灭为止的时间段。包括两个部分，即

$$t_{br} = t_{in} + t_a$$

式中　t_{in}——断路器固有分闸时间，s；

t_a——断路器开断时电弧持续时间，s。

（2）短路开断计算时间 t'_k。断路器应能在动静触头刚分离时刻，可靠开断短路电流，该短路开断计算时间 t'_k 应为主保护时间 t_{pr1} 和断路器固有分闸时间 t_{in} 之和，即 $t'_k = t_{pr1} + t_{in}$。

3. 短路热稳定校验

短路电流通过电气设备时，电气设备各部件温度应不超过允许值。

$$I_t^2 t \geqslant Q_k \qquad Q_k = \int_0^{t_k} i_{kt}^2 \mathrm{d}t \approx Q_p + Q_{np}$$

$$Q_p = \frac{t_k}{12}(I''^2 + 10 I_{t_k/2}^2 + I_{t_k}^2) \quad 对于变电站，可看成无限大容量系统，则 Q_p = I''^2 t_k$$

$$Q_{np} = \frac{T_a}{\omega}(1 - e^{-\frac{2\omega t}{T_a}}) I''^2 = T I''^2$$

式中　T——直流分量等效时间常数，s，直流分量等效时间表，见表 4-5。

当短路电流切除时间 $t_k > 1s$ 时，导体的发热主要由周期分量决定，可不计非周期分量的影响。

式中　I_t——时间 t 内设备允许通过的热稳定电流有效值，kA；

t——设备允许通过的热稳定电流时间，s；

Q_k——在短路热稳定计算时间 t_k 内，短路电流的热效应，$kA^2 s$；

Q_p——短路电流周期分量热效应，$kA^2 s$；

Q_{np}——短路电流直流分量的热效应，$kA^2 s$。

表 4-5 　　　　　　　　　　　　直流分量等效时间表　　　　　　　　　　　（单位：s）

短路点	T	
	$t \leqslant 0.1$	$t > 0.1$
发电机出口及母线	0.15	0.2
发电厂升高电压母线及出线、发电机电压电抗器后	0.08	0.1
变电所各级电压母线及出线	0.05	

4. 电动力稳定校验

电动力稳定是电气设备承受短路电流机械效应的能力，亦称动稳定。

$$i_{es} \geqslant i_{sh}$$

式中　i_{sh}——短路冲击电流峰值，kA；

　　　i_{es}——电器允许的动稳定电流的峰值，kA。

同时，应对电气设备的机械负荷能力进行校验，即电气设备的端子允许荷载应大于设备引线在短路时的最大电动力。（在正常运行和短路时，电器引线的最大作用力不应大于电器端子允许的荷载）

5. 下列几种情况可不校验热稳定或动稳定

（1）用熔断器保护的电气设备，其热稳定由熔断时间保证，可不验算热稳定。

（2）采用有限流电阻的熔断器保护的设备可不校验动稳定。

（3）装设在电压互感器回路中的裸导体和电气设备可不验算动、热稳定。

4.2　高压断路器和隔离开关的选择　A 类考点

4.2.1　高压断路器选择

1. 种类型式选择

（1）SF_6 断路器。采用不可燃和有优良绝缘与灭弧性能的 SF_6 气体作灭弧介质，具有优良的开断性能、运行可靠性高、维护工作量少，故适用于各电压等级，特别在高压、超高压及特高压配电装置中得到最广泛的运用。SF_6 断路器在 35kV 及以下屋内配电装置中使用较少，SF_6 气体分解物有毒性，布置在屋内需良好的通风、排风和可靠的检漏与检测设备，以防人员中毒及窒息。

SF_6 气体是一种很强的温室效应气体，其温室效应作用数万倍于 CO_2 气体。

（2）真空断路器。利用真空的高介质强度灭弧，具有灭弧时间快、低噪声、高寿命及可频繁操作的优点，在 35kV 及以下配电装置中得到最广泛的采用。真空断路器切断短路电流及分合电动机负荷时，会产生截流过电压，需采用氧化锌避雷器等过电压保护措施。

选择断路器型式时，应依据各类断路器的特点，结合气候、温度、湿度及地质条件等使用环境，在地震较活跃地区，一般首先选用设备重心低、顶部质量轻的断路器，如选用 I 型单柱布置的 SF_6 断路器比 T 型和 Y 型布置的抗震性更好，或选用有更好抗震能力的落地罐式 SF_6 断路器。

2. 额定电压和电流选择

（1）断路器的额定电压不低于系统的额定电压。

$$U_N \geqslant U_{SN}$$

（2）断路器的额定电流不低于所在回路的持续工作电流。

$$I_N \geqslant I_{max}$$

3. 开断电流选择

额定开断电流 I_{Nbr} 是指在额定电压下能保证正常开断的最大短路电流。

高压断路器在低于额定电压下，开断电流可以提高，但由于灭弧装置机械强度的限制，故开断电流仍有一极限值，该极限值称为极限开断电流，即高压断路器开断电流不能超过极限开断电流。

额定开断电流应包括短路电流周期分量和非周期分量，而高压断路器的是以周期分量有效值表示，并计入了 20% 的非周期分量。

（1）中小型发电厂和变电站采用中、慢速断路器，开断时间较长 $t \geqslant 0.1s$，短路电流非周期分量衰减较多，可不计非周期分量影响，采用起始次暂态电流校验。

$$I_{Nbr} \geqslant I''$$

（2）中大型发电厂（125MW 及以上机组）和枢纽变电站采用快速保护和高速断路器，开断时间短 $t < 0.1s$，当在电源附近短路时，短路电流的非周期分量可能超过周期分量的 20%，应按短路全电流进行校验。

$$I_{Nbr} \geqslant \sqrt{I_{pt}^2 + \left(\sqrt{2}I'' e^{-\frac{\omega t'_k}{T_a}}\right)^2}$$

当非周期分量所占实际比值大于 20% 时，超过了断路器型式试验的条件，因此还应向制造部门要求补充试验数据。

4. 短路关合电流选择

在断路器合闸之前，若线路上已存在短路故障，则在断路器合闸过程中，动、静触头间在未接触时即有巨大的短路电流通过（预击穿），容易发生触头熔焊和遭受电动力的损坏；且断路器在关合短路电流时，不可避免地在接通后又自动跳闸，此时还要求能够切断短路电流，为了保证断路器在关合短路时的安全，断路器的额定短路关合电流 i_{Ncl} 不应小于短路电流最大冲击值 i_{sh}。

$$i_{Ncl} \geqslant i_{sh}$$

5. 短路热稳定和动稳定校验

（1）断路器允许的热效应不小于短路电流热效应。

$$I_t^2 \cdot t \geqslant Q_k$$

（2）断路器允许的动稳定电流不小于冲击短路电流。

$$i_{es} \geqslant i_{sh}$$

4.2.2 隔离开关的选择

1. 隔离开关型式选择

隔离开关的型式较多，对配电装置的布置型式和占地面积有很大影响，选型时应根据配电装置特点和使用要求以及技术、经济条件来确定。

2. 额定电压和电流选择

（1）隔离开关的额定电压不低于系统的额定电压。

$$U_N \geqslant U_{SN}$$

（2）隔离开关的额定电流不低于所在回路的持续工作电流。

$$I_N \geqslant I_{max}$$

3. 短路热稳定和动稳定校验

（1）隔离开关允许的热效应不小于短路电流热效应。

$$I_\mathrm{t}^2 \cdot t \geqslant Q_\mathrm{k}$$

（2）隔离开关允许的动稳定电流不小于冲击短路电流。

$$i_\mathrm{es} \geqslant i_\mathrm{sh}$$

与断路器区别：无额定开断电流、短路关合电流选择。

4.3　高压熔断器选择　A 类考点

1. 高压熔断器的分类

按照性能分为限流式和非限流式。

按照安装场所分为屋内和屋外。

按照保护对象分为保护变压器、发电机、电动机、电压互感器、并联电容器、供电线路等。

按照结构型式分为插入式、母线式、跌落式、非跌落式、开启式、混合式等。

按照极数分为单极和三极。

2. 熔断器的选择

（1）型式选择。按安装条件及用途选择不同类型高压熔断器，如屋外跌开式、屋内式。对用于 F - C 回路及保护电压互感器的高压熔断器应选专用系列。

（2）额定电压选择。对于一般高压熔断器，其额定电压应大于等于电网的额定电压，即 $U_\mathrm{N} \geqslant U_\mathrm{SN}$。但对于充填石英砂有限流作用的限流式熔断器，不宜使用在低于熔断器额定电压的电网中，因限流式熔断器灭弧能力很强，熔体熔断时因截流而产生过电压，一般在 $U_\mathrm{N} = U_\mathrm{SN}$ 的电网中，过电压倍数为 2～2.5 倍，不会超过电网中电气设备的绝缘水平；但如在 $U_\mathrm{N} \geqslant U_\mathrm{SN}$ 的电网中，因熔体较长，过电压值可达 3.5～4 倍相电压，可能损害电网中的电气设备。

（3）额定电流选择。

1）熔管的额定电流选择。为了保证熔断器壳不致损坏，熔管的额定电流 I_FTN 应大于或等于熔体的额定电流 I_FSN，即

$$I_\mathrm{FTN} \geqslant I_\mathrm{FSN}$$

2）熔体的额定电流选择。保护 35kV 及以下电力变压器的熔断器。为防止熔体在通过变压器励磁涌流和保护范围以外的短路及电动机自启动等冲击时误动作，其熔体的额定电流应根据电力变压器回路最大工作电流按下式选择

$$I_\mathrm{FSN} \geqslant K I_\mathrm{max}$$

式中：K 为可靠系数，不计电动机自启动时 $K = 1.1 \sim 1.3$，考虑电动机自启动 $K = 1.5 \sim 2.0$。

保护电力电容器的熔断器。当系统电压升高或波形畸变引起回路电流涌流时，熔断器的熔体不应熔断，其熔体的额定电流应根据电容器的回路的额定电流 I_CN 按下式选择

$$I_\mathrm{FSN} \geqslant K I_\mathrm{CN}$$

式中：K 为可靠系数，当一台电力电容器时 $K = 1.5 \sim 2.0$，当一组电力电容器时 $K = 1.3 \sim 1.8$。

（4）开断电流选择。高压熔断器的额定开断电流应大于回路中可能出现的最大预期短路

电流周期分量有效值。

1）对于没有限流作用的熔断器，短路电流达到 i_{sh} 后才熔断，则

$$I_{Nbr} \geqslant I_{sh} \qquad I_{sh} = I'' \sqrt{1 + 2(K_{sh} - 1)^2}$$

跌落式熔断器的断流容量应分别按上、下限值校验，开断电流应以短路全电流校验。

2）对于有限流作用的熔断器，短路电流达到 i_{sh} 之前，熔体已经熔断，可不计非周期分量影响，即

$$I_{Nbr} \geqslant I''$$

（5）选择性校验。为保证前后两级熔断器之间、熔断器与电源或负荷侧的保护装置之间动作的选择性，应进行熔体选择性校验。熔断器安秒特性曲线如图 4-2 所示。要使熔断器 FU1 和 FU2 之间动作配合，选择 2 的安秒特性曲线要高于 1 的安秒特性曲线，即要求 $I_{FSN2} > I_{FSN1}$，$t_2 > t_1$，当短路电流很大时，其熔断时间 t_2'、t_1' 相差越小，为保证选择性，应使上、下级熔断器在最大短路电流情况下，动作时间差 $\Delta t \geqslant 0.5s$，各种型号熔断器的熔体熔断时间可在制造厂提供的安秒特性曲线上查出。

保护电压互感器用的高压熔断器只需按额定电压及断流容量两项来选择。

当短路容量较大时，可考虑在熔断器前串联限流电阻。

（6）F-C 回路。高压熔断器与高压接触器（真空或 SF$_6$ 接触器）配合，被广泛用于 200～600MW 大型火电机组的厂用 6kV 高压系统，称为 F-C 回路。F-C 回路用限流式高压熔断器作保护元件，关合或开断短路电流，而接触器作操作元件，接通或断开负荷电流。大型机组高压厂用电系统短路电流已达 40～50kA，若选用断路器，经济上代价较大。用限流熔断器加接触器来代替断路器经济效益显著。

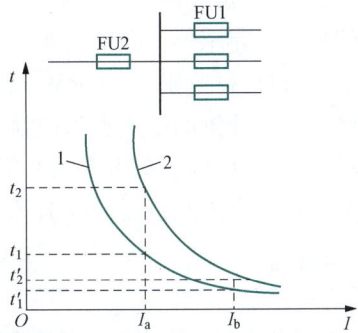

图 4-2　熔断器安秒特性曲线

4.4　互感器的选择　A 类考点

4.4.1　电流互感器的选择

1．种类和型式的选择

应根据安装地点（如屋内、屋外）和安装方式（如穿墙式、支持式、装入式等）选择其型式。3～20kV 屋内配电装置的电流互感器，应采用瓷绝缘或树脂浇注绝缘结构；35kV 及以上配电装置宜采用油浸瓷箱式绝缘结构的独立式电流互感器；有条件安装于断路器或变压器瓷套管内，且准确度等级满足要求时，应采用价廉、动热稳定性好的套管式电流互感器。

2．额定电压和额定电流的选择

（1）电流互感器的额定电压不低于系统的额定电压。

$$U_N \geqslant U_{SN}$$

（2）电流互感器的额定电流选择。

1）额定一次电流选择。电流互感器的额定一次电流不低于所在回路的持续工作电流。

$$I_{1N} \geqslant I_{max}$$

测量用电流互感器的一次侧额定电流不应低于回路正常最大负荷电流，且应尽可能比电路中的正常工作电流大 1/3 左右，以保证测量仪表在正常运行时，指示在刻度标尺的 3/4 最佳位置，并且过负荷时能有适当指示。当一次侧电流较小（在 400A 及以下）时宜优先采用一次绕组多匝式，以提高准确度。

2）额定二次电流选择。电流互感器的额定二次电流标准值为 1A 和 5A。220kV 及以上电压等级或采用微机监控系统时，二次额定电流宜采用 1A，强电系统均采用 5A。暂态特性保护用电流互感器，额定二次电流标准值为 1A。

3. 准确度等级和额定容量选择

（1）准确级选择。为保证测量仪表的准确度等级，互感器的准确度等级不得低于所供测量仪表的准确度等级。

1）对测量准确度要求较高的大容量发电机和变压器、系统干线、发电企业上网电量、电网和供电企业之间的电量交换的关口计量点，宜采用 0.2 级。

2）装于重要回路（如中小型发电机和变压器、调相机、厂用馈线、有收费电能计量的出线）中的互感器，应采用 0.2～0.5 级。

3）供运行监视、100MW 及以下发电机组厂用电、较小用电负荷以及供电企业内部考核经济指标分析的电能表和控制盘上仪表，应采用 0.5～1 级。

4）当所供仪表要求不同准确级时，应按相应最高级别来确定电流互感器的准确级。仪表与配套的电流互感器的准确等级见表 4 - 6。

表 4 - 6　　　　　　　　　　仪表与配套的电流互感器的准确等级

指示仪表		计量仪表			
仪表准确等级	电流互感器准确等级	仪表准确等级		电流互感器准确等级
		有功功率表	无功功率表	
0.5	0.5	0.2	1.0	0.1
1.0	0.5	0.5	2.0	0.2 或 0.2S
1.5	1.0	1.0	2.0	0.5 或 0.5S
2.5	1.0	2.0	3.0	0.5 或 0.5S

（2）二次额定容量选择。电流互感器的额定容量 S_{2N} 是指电流互感器在额定二次电流 I_{2N} 和额定二次阻抗 Z_{2N} 下运行时，二次绕组输出的容量，$S_{2N} = I_{2N}^2 Z_{2N}$。由于额定二次电流为标准值 5A 或 1A，为便于计算，厂家常提供 Z_{2N} 值。

电流互感器的误差和二次侧负荷有关，故同一台电流互感器使用在不同准确度等级时，会有不同的额定容量。例如，LMZ1 - 10 - 3000/5 型电流互感器，在 0.5 级下工作时 $Z_{2N} = 1.6\Omega$（40VA）；在 1 级时 $Z_{2N} = 2.4\Omega$（60VA）。

互感器按选定准确度等级所规定的额定容量 S_{2N} 应大于或等于二次侧所接负荷 $I_{2N}^2 Z_{2L}$。

$$S_{2N} \geqslant I_{2N}^2 Z_{2L}$$

$$Z_{2L} = r_a + r_{re} + r_L + r_c$$

带入 $S = \rho L_c / r_L$，得到满足电流互感器准确度等级、额定容量要求下的二次导线的最小截面

$$S \geqslant \frac{I_{2N}^2 \rho L_c}{S_{2N} - I_{2N}^2(r_a + r_{re} + r_c)} = \frac{\rho L_c}{Z_{2N} - (r_a + r_{re} + r_c)}$$

L_c 与仪表到互感器的实际距离 L 及电流互感器的接线方式有关。图 4-3 为电流互感器与测量仪表常用接线图。

1）单相接线，如图 4-3（a）所示，用于对称三相负荷时，测量一相电流，$L_c = 2L$。

2）星形接线，如图 4-3（b）所示，常用于 110kV 及以上中性点直接接地系统、发电机和变压器等重要回路，做测量和继电保护，$L_c = L$。

3）不完全星形接线，如图 4-3（c）所示，常用于 35kV 及以下中性点非直接接地系统的线路、母线分段和母联等回路，做测量和继电保护，$L_c = \sqrt{3}L$。

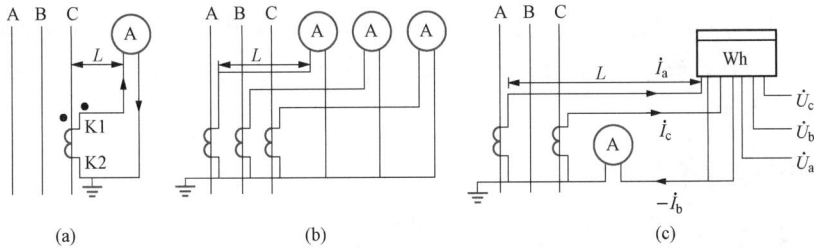

图 4-3　电流互感器与测量仪表常用接线图
（a）单相接线；（b）星形接线；（c）不完全星形接线

当互感器二次负载阻抗 Z_{2L} 超过互感器额定负载阻抗 Z_{2N} 时，可采取的措施如下。

1）增大连接导线截面。

2）将同一电流互感器的两个二次绕组同名端顺向串联。

电流互感器二次绕组串联，二次回路内的电流不变，由于感应电动势增大一倍，因而其允许负载阻抗数值也增加一倍，电流互感器二次绕组串联后，变比不变，容量增加一倍。

电流互感器二次绕组并联，每个电流互感器的变比未变，二次回路内的电流将增加一倍，为了使二次回路内流过的电流仍为原来的电流，则一次电流应较原来的额定电流降低 1/2 使用，当电流互感器的变比过大而实际负荷电流较小时，为了准确地测量电流，可将两个二次绕组并联接线，电流互感器二次绕组并联接线后，变比为原变比的 1/2，容量不变。

3）将电流互感器不完全星形接线改为完全星形接线，差电流接线改为不完全星形接线。减小了电流互感器二次负载阻抗的换算系数。

4）采用额定二次负荷较大的电流互感器或低功耗的仪表与保护设备等。

5）增加电流互感器的绕组数而转移部分二次负荷。

6）采用二次额定电流小的（如 1A）电流互感器。

电流互感器的二次电缆应采用铜芯，为满足机械强度，截面不小于 1.5mm²。

在接入仪表中，有供收费电能表时，截面不应小于 2.5mm²。

控制电缆均采用多芯电缆，应尽可能减少电缆根数，芯线截面为 1.5 或 2.5mm²，每根电缆芯数不宜超过 24 芯，4mm² 及以上时，不宜超过 10 芯。

4. 热稳定和动稳定校验

（1）热稳定校验。只对本身带有一次回路导体的电流互感器进行热稳定校验。电流互感器热稳定能力常以 1s 允许通过的热稳定电流 I_t 或一次侧额定电流 I_{1N} 的倍数 K_t 来表示。

$$I_t^2 \cdot t \geqslant Q_k \text{ 或} (K_t I_{1N})^2 \geqslant Q_k, K_t \geqslant \frac{\sqrt{Q_k}}{I_{1N}}$$

（2）动稳定校验。包括由同一相的电流相互作用产生的内部电动力校验，以及不同相的电流相互作用产生的外部电动力校验。

多匝式一次绕组主要经受内部电动力；单匝式一次绕组不存在内部电动力，则电动力稳定性由外部电动力决定。

内部动稳定：$i_{es} \geqslant i_{sh}$ 或 $\sqrt{2} I_{1N} K_{es} \geqslant i_{sh}$，$K_{es} \geqslant \dfrac{i_{sh}}{\sqrt{2} I_{1N}}$

外部动稳定：$F_d \geqslant 0.5 \times 1.73 \times 10^{-7} i_{sh}^2 \dfrac{L}{a}$

式中：F_d 为电流互感器瓷帽端部的允许力，由制造厂提供，N；L 为电流互感器出线端至最近一个母线支柱绝缘子之间的跨距；a 为相间距离；0.5 为系数，表示互感器瓷套端部承受该跨上电动力的一半。

4.4.2 电压互感器的选择

1. 种类和型式选择

电压互感器应根据装设地点和使用条件进行选择。

（1）在 6～35kV 屋内配电装置中，一般采用油浸式或浇注式电压互感器；110～220kV 配电装置当容量和准确度等级满足要求时，宜采用电容式电压互感器，也可采用油浸式；500kV 均为电容式。

（2）三相式电压互感器投资省，仅 20kV 以下才有三相式产品。三相五柱式电压互感器广泛用于 3～15kV 系统，而三相三柱式电压互感器，为避免电网单相接地时，因零序磁通的磁阻过大，致使过大的零序电流烧坏电压互感器，则电压互感器的一次侧三相中性点不允许接地，不能测量相对地电压，故很少采用。

（3）用于接入精确度要求较高的计费电能表时，可采用三个单相电压互感器组或两个单相电压互感器接成不完全三角形（也称 V-V 接线），而不宜采用三相式电压互感器。因为三相式电压互感器当二次侧负荷不对称时，特别是在单相接地时三相磁路不对称，将增大误差。

2. 一次额定电压和二次额定电压的选择

电压互感器额定电压选择见表 4-7。

表 4-7 电压互感器额定电压选择

互感器型式	接入系统方式	系统额定电压（kV）	互感器额定电压		
			一次绕组（kV）	二次绕组（V）	剩余绕组（V）
三相五柱三绕组	接于线电压	3～10	U_N	100	100/3
三相三柱双绕组	接于线电压	3～10	U_N	100	无此绕组
单相双绕组	接于线电压	3～35	U_N	100	无此绕组
单相三绕组	接于相电压	3～63	$U_N/\sqrt{3}$	100/$\sqrt{3}$	100/3
单相三绕组	接于相电压	110～500	$U_N/\sqrt{3}$	100/$\sqrt{3}$	100

3. 接线方式选择

根据仪表和继电器接线要求选择电压互感器的接线方式，在满足二次电压和负荷要求的条件下，应尽量采用简单接线。

（1）一台三相三柱式电压互感器。一台三相三柱式电压互感器，接成 Yy_n 接线，如图 4-4 所示，用于 20kV 以下，可测量线电压，不能测量相电压，不能用来供电给绝缘检查电压表，一次侧中性点不允许接地，若一次侧中性点接地，当系统发生接地故障时，三相绕组中的零序电流同时流向中性点，并通过大地构成回路，零序磁通在三柱中方向相同，不能在铁芯中构成零序磁通通路，只能通过气隙和铁外壳构成回路，磁阻很大，使得零序电流比正常励磁电流大很多倍，使互感器绕组过热甚至烧毁，其 $U_{1N}=U_{SN}kV$，$U_{2N}=100V$。

（2）一台三相五柱式电压互感器（见图 4-5）。

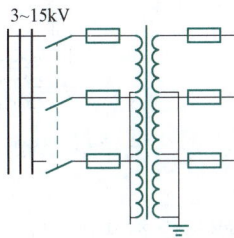

图 4-4　一台三相三柱式电压互感器　　　　图 4-5　一台三相五柱式电压互感器

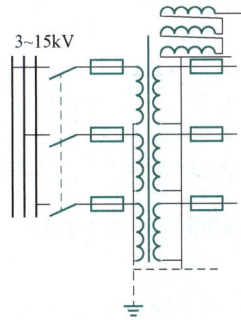

笔记

（3）一台单相电压互感器接线。

1）一台单相电压互感器接在相与地间，如图 4-6 所示，用于 110kV 及以上中性点直接接地系统，测量相对地电压，其 $U_{1N}=U_{SN}/\sqrt{3}kV$，$U_{2N}=100/\sqrt{3}V$。

2）一台单相电压互感器接在相与相间，如图 4-7 所示，用于 3～35kV 中性点不接地系统时，测量相间电压，其 $U_{1N}=U_{SN}kV$，$U_{2N}=100V$。

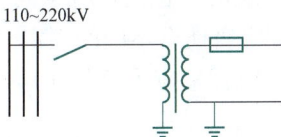

图 4-6　一台单相电压互感器接在相与地间　　　　图 4-7　一台单相电压互感器接在相与相间

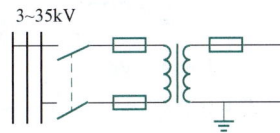

（4）两台单相电压互感器接成不完全星形（V-V 接线）。两台单相电压互感器分别跨接于电网的 U_{AB} 及 U_{BC} 的线间电压上，接成不完全星形，两台单相电压互感器接成不完全星形接线如图 4-8 所示，广泛应用在 20kV 以下中性点不接地系统的电网中，用于测量相间电

压，不能测量相对地电压，其 $U_{1N}=U_{SN}$ kV，$U_{2N}=100$ V。

（5）三台单相三绕组电压互感器。三台单相三绕组电压互感器如图 4 - 9 所示，接成 Y_Ny_nd（开口三角）接线，其二次侧星形绕组用于测量相间电压或相对地电压，其 $U_{1N}=U_{SN}/\sqrt{3}$ kV，$U_{2N}=100/\sqrt{3}$ V；而剩余绕组三相首尾串联接成开口三角形，在中性点不接地的电力系统中，供交流电网绝缘监视仪表与信号装置使用，剩余绕组的额定电压为 100/3V。在中性点直接接地的电力系统中，供接地保护使用，剩余绕组的额定电压为 100V。

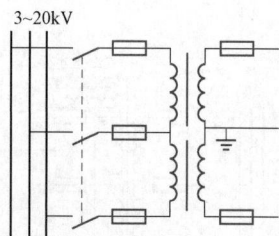

图 4 - 8　两台单相电压互感器接成不完全星形接线　　　图 4 - 9　三台单相三绕组电压互感器

（6）三台单相三绕组电容式电压互感器。三台单相三绕组电容式电压互感器如图 4 - 10 所示，接成 Y_Ny_nd（开口三角）接线，其二次侧星形绕组用于测量相间电压或相对地电压，其 $U_{1N}=U_{SN}/\sqrt{3}$ kV，$U_{2N}=100/\sqrt{3}$ V；而剩余绕组三相首尾串连接成开口三角形，剩余绕组的额定电压为 100V。

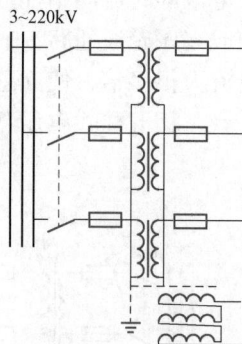

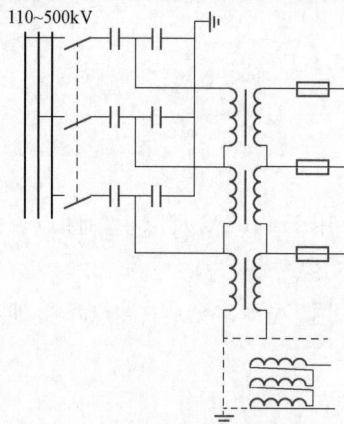

图 4 - 10　三台单相三绕组
电容式电压互感器

应优先采用三相五柱式电压互感器，只有在要求容量较大的情况下或 110kV 及以上无三相式电压互感器时，才采用三个单相三绕组电压互感器。

4. 容量和准确级选择

尽可能将负荷均匀分布在各相上，然后计算各相负荷大小，按照所接仪表的准确度等级和容量选择电压互感器的准确度等级和额定容量。电压互感器与仪表准确度等级的配合，可参考电流互感器与仪表准确度等级的配合原则决定。

电压互感器误差与二次负荷有关，所以同一台电压互感器对应于不同的准确度等级便有不同的额定二次容量。

电压互感器的额定二次容量应大于等于电压互感器的二次侧负荷，即

$$S_{2N} \geqslant S_{2L}$$

电压互感器三相负荷通常不相等，为满足准确度等级要求，通常以最大相负荷进行比较。计算电压互感器各相的负荷时，必须注意电压互感器和负荷的接线方式。

4.5 限流电抗器选择 B类考点

1. 额定电压和额定电流的选择

限流电抗器的额定电压和额定电流需满足

$$U_N \geqslant U_{SN}, I_N \geqslant I_{max}$$

通过普通电抗器或分裂电抗器一个臂的最大持续工作电流。对出线电抗器，I_{max} 为线路最大持续工作电流；对母线分段电抗器，I_{max} 一般取母线上最大一台发电机额定电流的 $50\% \sim 80\%$，当分裂电抗器用于发电机或主变回路时，I_{max} 一般取发电机或主变额定电流的 70%。

2. 电抗器电抗百分值的选择

普通电抗器应按将短路电流限制到要求值选择电抗器电抗百分值。

设要求将经电抗器后的短路电流限制到 I''（断路器的额定开断电流），则电源至电抗器后的短路点的总电抗标幺值 $x_{*\Sigma} = \dfrac{I_d}{I''}$（基准电流 I_d、基准电压 U_d）。设电源至电抗器前的系统电抗标幺值是 $x'_{*\Sigma}$，则所需电抗器的电抗标幺值 $x_{*L} = x_{*\Sigma} - x'_{*\Sigma}$，以电抗器额定参数（$U_N$、$I_N$）下的百分值电抗表示，则应选择电抗器的电抗百分值为

$$x_L\% = \left(\frac{I_d}{I''} - x'_{*\Sigma}\right)\frac{I_N U_d}{I_d U_N} \times 100(\%)$$

分裂电抗器电抗百分数是以每臂的额定电流为基准的，应按可能的运行方式进行换算，其电抗百分数大小与电源连接方式和限制某一侧短路电流有关。

3. 电压校验

（1）普通电抗器的电压损失校验。正常运行时电抗器的电压损失 $\Delta U\%$ 不得大于额定电压的 5%，考虑到电抗器电阻很小，且主要是由电流的无功分量 $I_{max}\sin\varphi$ 产生的。

$$\Delta U = \sqrt{3}x_L I_{max}\sin\varphi = \sqrt{3}\,\frac{x_L\%}{100} \cdot \frac{U_N}{\sqrt{3}I_N} I_{max}\sin\varphi = \frac{x_L\%}{100}\frac{U_N}{I_N}I_{max}\sin\varphi$$

$$\Delta U\% = \frac{\Delta U}{U_N} \times 100 = x_L\% \frac{I_{max}}{I_N}\sin\varphi$$

（2）电抗器后短路时母线残压校验。若出线电抗器回路未装设无时限保护，应进行校验，并应满足 $U_{re}\% \geqslant 60\% \sim 70\%$（电抗器接在 6kV 发电机主母线上时，取上限值），以减轻短路对其他用户的影响，即

$$U_{re}\% = x_L\% \frac{I''}{I_N} \geqslant 60\% \sim 70\%$$

如不满足要求，可在该出线电抗器回路加装快速保护或在线路正常电压损失允许范围内加大电抗，对母线分段电抗器、带几回出线的电抗器及装有无时限继电保护的出线电抗器，不必校验母线残压。

（3）分裂电抗器电压波动校验。正常运行情况下，分裂电抗器的电压损失很小，且两臂母线上的电压差值也很小。但两臂负荷变化较大时，可引起较大的电压波动，正常运行时，要求两臂母线的电压波动不大于母线额定电压的 5%。

当某一段母线上的馈线短路时，正常母线段上的电压可能比额定电压高很多。

4. 热稳定和动稳定校验

$$I_t^2 \cdot t \geqslant Q_k, i_{es} \geqslant i_{sh}$$

当短路电流仅通过分裂电抗器一个臂的线圈，即单臂型负荷方式时，其动稳定性与具有相同参数的普通电抗器一致。当短路电流以分裂型负荷方式通过两线圈时，相对于同名端而言电流方向相同，此时电动力是相互吸引的，线圈的骨架承受挤压力，是安全的；当分裂电抗器以穿越型负荷方式工作时，电流方向相反，两线圈电动力相互排斥，正常长期负荷电流不会对电抗器产生危险，当短路电流以穿越型方式通过时，电抗器可能遭受破坏。因此，分裂电抗器除分别按单臂流过短路电流校验外，还应按两臂同时流过反向短路电流进行动稳定校验，应分别选定对应短路方式进行动稳定校验。

4.6 绝缘子和穿墙套管选择 B类考点

1. 绝缘子作用

支持和固定裸载流导体，承受导线的垂直负荷和水平拉力，并使导线对地绝缘。要求具有良好电气绝缘性能和足够机械强度。

2. 绝缘子分类

按照电压种类分为：交流绝缘子、直流绝缘子。

按照电压等级分为：高压绝缘子（1kV以上）、低压绝缘子（1kV及以下）。

按照主绝缘材料分为：瓷绝缘子、玻璃绝缘子、有机材料绝缘子、复合材料绝缘子。

按照用途分为：线路绝缘子，电站、电器绝缘子。

按照结构型式分为：针式绝缘子、盘形悬式绝缘子、蝶式绝缘子、线路柱式绝缘子、长棒形绝缘子、横担绝缘子、隔板支柱绝缘子、针式支柱绝缘子、套管绝缘子、棒形支柱绝缘子、空心绝缘子。

3. 绝缘子和穿墙套管的选择

（1）型式选择。根据装置地点、环境条件选择屋内、屋外或防污型产品。

1）屋外支柱式绝缘子宜采用棒式支柱绝缘子。

2）屋内支柱式绝缘子一般采用联合胶装的多棱式支柱式绝缘子。

3）屋内配电装置宜采用铝导体穿墙套管，对铝有严重腐蚀地区可选用铜导体。

（2）额定电压选择。无论支柱绝缘子或套管均应符合产品额定电压大于或等于所在电网电压的要求。

$$U_N \geqslant U_{SN}$$

3～20kV屋外支柱绝缘子和套管宜选用高一电压等级的产品；对于3～6kV者，必要时也可采用提高两等级电压的产品，以提高运行的安全性。

（3）穿墙套管的额定电流选择与窗口尺寸配合。导体型穿墙套管如图4-11（a）所示，具有导体的穿墙套管额定电流I_N应大于或等于回路中最大持续工作电流，当

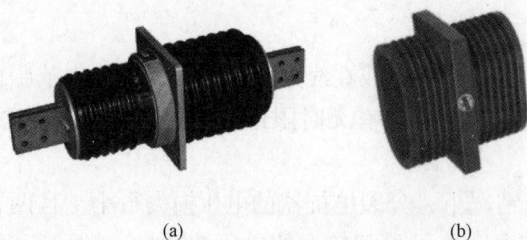

图4-11 穿墙套管
（a）导体型穿墙套管；（b）母线型穿墙套管

环境温度 $\theta = 40 \sim 60℃$，导体的 $\theta_{al} = 85℃$，I_N 应满足

$$\sqrt{\frac{85-\theta}{45}} I_N \geqslant I_{max}$$

母线型穿墙套管如图 4-11（b）所示，无需按持续工作电流选择，只需保证套管的型式与穿过母线的窗口尺寸配合。

（4）动稳定校验。支柱绝缘子和套管均要进行动稳定校验。布置在同一平面内的三相导体，绝缘子和穿墙套管所受的电动力如图 4-12 所示，在发生短路时，所受的力为该绝缘子相邻跨导体上电动力的平均值。

计算跨中的电动力 F_{max} 为

$$F_{max} = \frac{F_1 + F_2}{2} = 1.73 \times 10^{-7} i_{sh}^2 \frac{L_C}{a} (N)$$

校验支柱绝缘子机械强度时，应将作用在母线截面重心上的短路电动力换算到绝缘子顶部，即支柱绝缘子的抗弯破坏强度 F_{de} 是按作用在绝缘子高度 H 处给定的，绝缘子受力示意图如图 4-13 所示。而电动力 F_{max} 是作用在导体截面中心线 H_1 上，换算系数为 H_1/H，应满足

$$\frac{H_1}{H} F_{max} \leqslant 0.6 F_{de}$$

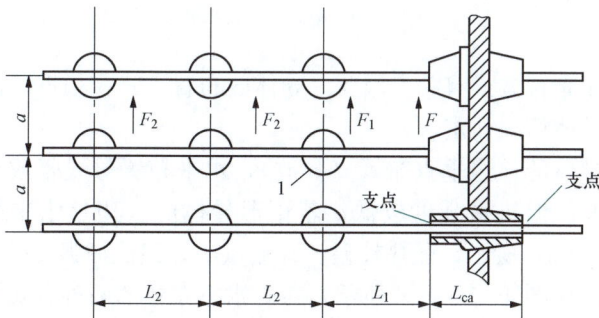

图 4-12　绝缘子和穿墙套管所受的电动力

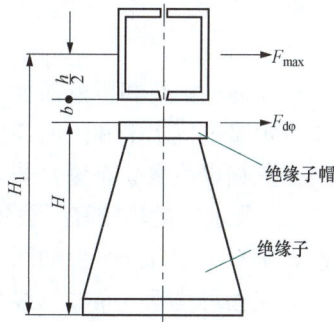

图 4-13　绝缘子受力示意图

（5）穿墙套管热稳定校验。具有导体的穿墙套管，应对导体校验热稳定，其套管的热稳定能力，应大于或等于短路电流通过套管所产生的热效应，即 $I_t^2 \cdot t \geqslant Q_k$。

4.7　裸导体与电力电缆的选择　B 类考点

4.7.1　裸导体选择

1. 导体材料

一般选用铝、铝合金或铜材料，钢母线只在额定电流小而短路电动力大或不重要的场合下使用。

（1）纯铝导体：一般为矩形、槽形和管形。由于纯铝的管形导体强度较低，因此配电装置敞开式布置时不宜采用。

（2）铝合金导体：有铝锰合金和铝镁合金。铝锰合金载流量大、机械强度较差；铝镁合金载流量小、机械强度大、焊接困难。

（3）铜导体：载流量大、机械强度大、耐腐蚀性能好。质量大、价格较高，一般使用在以下场所。

1）位于化工厂附近的屋外配电装置。

2）发电机出线端子处位置特别狭窄以及铝排截面太大穿过套管困难。

3）持续工作电流在 4000A 以上的矩形导体，由于安装有要求且采用其他型式的导体困难。

2. 导体型式及适用范围

（1）矩形导体。单条截面最大不超过 1250mm²，以减小集肤效应，大电流使用时，可将 2～4 条矩形导体并列使用，多片矩形导体集肤效应系数大、损耗增大，一般只用于 35kV 及以下、电流在 4000A 及以下的配电装置中。

（2）槽形导体。机械强度好，载流量大，集肤效应系数较小。一般用于 4000～8000A 的配电装置中。

（3）管形导体。集肤效应系数小、机械强度高、用于 8000A 以上的大电流母线或要求电晕放电电压高的 110kV 及以上的配电装置中。

（4）软导线。有钢芯铝绞线、组合导线、分裂导线和扩径导线等，后者多用于 330kV 及以上配电装置。

3. 导体布置方式

矩形导体的散热和机械强度与导体布置方式有关。因此，导体的布置方式应根据载流量的大小、短路电流水平和配电装置的具体情况而定。

（1）三相母线水平布置。若矩形导体的长边垂直布置（竖放），水平布置母线竖放如图 4-14（a）所示，散热较好、载流量大，但机械强度较低；若矩形导体的长边呈水平布置（平放），水平布置母线平放如图 4-14（b）所示，散热较差、载流量小，但机械强度较高。

（2）三相母线垂直布置母线竖放，如图 4-14（c）所示，兼有水平布置的两种方式的优点，结构复杂、建筑物高。

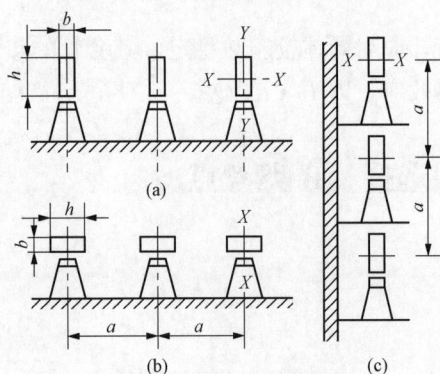

图 4-14　硬导体布置方式

（a）水平布置母线竖放；（b）水平布置母线平放；
（c）垂直布置母线竖放

4. 导体截面选择

导体截面可按长期发热允许电流或经济电流密度选择。

对年负荷利用小时数大（通常 $T_{max} \geq 5000h$），传输容量大，长度在 20m 以上的导体，如发电机、变压器的连接导体，其截面一般按经济电流密度选择。

对配电装置汇流母线通常在正常运行方式下，传输容量不大，故可按长期允许电流来选择。

（1）按导体长期发热允许电流选择。选用导体的长期允许电流不得小于该回路的持续工作电流，即

$$KI_{al} \geq I_{max}$$

104

式中：I_{max}为导体所在回路中最大持续工作电流；I_{al}为额定环境温度$\theta_0=25℃$时导体允许电流，见表4-8为矩形铝导体长期允许载流量表，如表4-9所示为钢芯铝绞线长期允许载流量表；K为与实际环境温度和海拔有关的综合修正系数。

环境温度可按公式计算，$K=\sqrt{\dfrac{\theta_{al}-\theta}{\theta_{al}-\theta_0}}$

式中：θ、θ_0分别为导体安装处的实际环境温度和导体额定载流量的基准温度，θ_{al}为导体长期发热允许最高温度。

表4-8　　　　　　　　　　　矩形铝导体长期允许载流量　　　　　　　　　（单位：A）

导体尺寸 $h \times b$（mm×mm）	单条		双条		三条		四条	
	平放	竖放	平放	竖放	平放	竖放	平放	竖放
40×4	480	503						
40×5	542	562						
50×4	586	613						
50×5	661	692						
63×6.3	910	952	1409	1547	1866	2111		
63×8	1038	1085	1623	1777	2113	2379		
63×10	1168	1221	1825	1994	2381	2665		
80×6.3	1128	1178	1724	1892	2211	2505	2558	3411
80×8	1274	1330	1946	2131	2491	2809	2863	3817
80×10	1472	1490	2175	2373	2774	3114	3167	4222
100×6.3	1371	1430	2054	2253	2633	2985	3032	4043
100×8	1542	1609	2298	2516	2933	3311	3359	4479
100×10	1728	1803	2558	2796	3181	3578	3622	4829
125×6.3	1674	1744	2446	2680	3079	3490	3525	4700
125×8	1876	1955	2725	2982	3375	3813	3847	5129
125×10	2089	2177	3005	3282	3725	4194	4225	5633

注　载流量是按最高允许温度+70℃、基准环境温度+25℃、无风、无日照条件计算的。

表4-9　　　　　　　　　　　钢芯铝绞线长期允许载流量

线规格号（钢比%）	最高允许温度为下值时的载流量		线规格号（钢比%）	最高允许温度为下值时的载流量	
	+70℃	+80℃		+70℃	+80℃
16（17%）	79	111	450（13%）	855	923
25（17%）	109	147	500（7%）	913	981
40（17%）	152	198	500（13%）	923	989
63（17%）	211	265	560（7%）	990	1055
100（17%）	293	355	560（13%）	1002	1064
125（6%）	338	405	630（7%）	1078	1139
125（16%）	345	410	630（13%）	1090	1147

线规格号（钢比%）	最高允许温度为下值时的载流量		线规格号（钢比%）	最高允许温度为下值时的载流量	
	+70℃	+80℃		+70℃	+80℃
160（6%）	403	473	710（7%）	1175	1231
160（16%）	411	480	710（13%）	1188	1240
200（6%）	473	546	800（4%）	1273	1324
200（16%）	483	553	800（8%）	1282	1330
250（10%）	561	634	800（13%）	1294	1338
250（16%）	568	639	900（4%）	1386	1429
315（7%）	658	732	900（8%）	1395	1434
315（16%）	670	741	1000（4%）	1496	1530
400（7%）	781	854	1120（4%）	1622	1646
400（13%）	789	859	1120（8%）	1635	1654
450（7%）	846	917	1250（4%）	1756	1767

　注　1. 最高允许温度+70℃的载流量，系按基准环境温度为+25℃、无日照、无风。

　　　2. 最高允许温度+80℃的载流量，系按基准环境温度+25℃、日照 0.1W/cm²、风速 0.5m/s、海拔 1000m。

（2）按经济电流密度选择。导体的电能损耗费与负荷电流及导体截面有关。当负荷电流一定时，截面增大，则导体电阻减小，电能损耗减少；另一方面，截面增大，综合投资增加，小修、维护费及折旧费增加。可见，当导体取某一截面时，年运行费最低，相应地，年计算费用也最低，此截面称经济截面。不同种类的导体和不同的最大负荷利用小时数 T_{max}，将有一个年计算费用最低的电流密度，称为经济电流密度 J。铝导体的经济电流密度如图 4-15 所示。

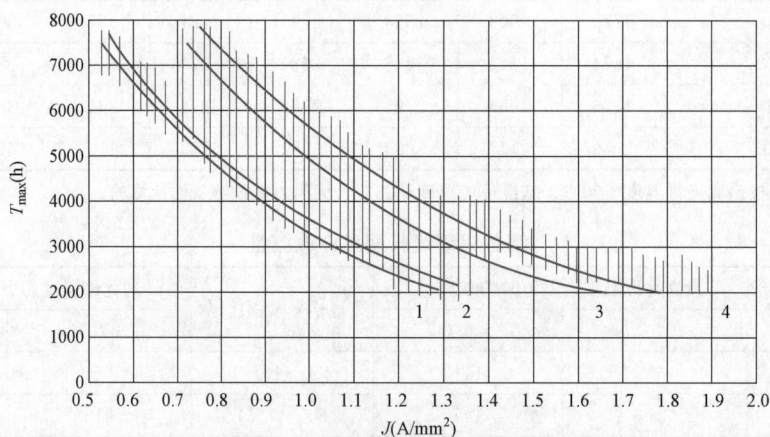

图 4-15　铝导体的经济电流密度

1—变电站站用、工矿用及电缆线路的铝线纸绝缘铅包、铝包、塑料护套及各种铠装电缆；

2—铝矩形、槽型母线及组合导线；3—火电厂厂用铝芯纸绝缘铅包、铝包、塑料护套及各种铠装电缆；

4—35~220kV 线路的 LGJ、LGJQ 型钢芯铝绞线

　导体的经济截面 S_j 为

$$S_j = \frac{I_{max}}{J}$$

应尽量选择接近经济截面的标准截面积，为节约投资允许选择小于经济截面积的导体。按经济电流密度选择的导体截面积的允许电流不得小于该回路的持续工作电流。

5. 电晕电压校验

110kV 及以上裸导体，需要按晴天不发生全面—电晕条件校验，即裸导体的临界电压 U_{cr} 应大于最高工作电压 U_{max}。可不进行电晕校验的最小导体型号及外径见表 4-10。

表 4-10　　　　　　　　　可不进行电晕校验的最小导体型号及外径

电压（kV）	110	220	330	500
导线型号	LGJ-70	LGJ-300	LGKK-600 2×LGJ-300	2×LGKK-600 3×LGJ-500
管型导体外径（mm）	Φ20	Φ30	Φ40	Φ50

6. 热稳定校验

在校验导体热稳定时，若计及集肤效应系数 K_f 的影响，由短路时发热的计算公式可得到短路热稳定决定的导体最小截面积 S_{min} 为

$$S_{min} \geqslant \frac{1}{C}\sqrt{Q_k K_f}$$

式中：C 为热稳定系数，可查表。

7. 硬导体的动稳定校验

各种形状的硬导体通常都安装在支柱绝缘子上，短路冲击电流产生的电动力将使导体发生弯曲，因此导体应按弯曲情况进行应力计算。软导体不必进行动稳定校验。

硬导体最大相间应力 δ_{ph} 应小于导体材料允许应力 δ_{al}（硬铝 70×10^6 Pa、硬铜 140×10^6 Pa），即

$$\delta_{ph} < \delta_{al}$$

8. 硬导体的共振校验

对于重要回路（如发电机、变压器及汇流母线等）的导体应进行共振校验。

4.7.2　电力电缆选择

1. 电缆的结构

（1）导体。通常采用多股铜绞线或铝绞线制成，电缆可分为单芯、三芯和四芯等。

（2）绝缘层。

1）芯绝缘层：包裹着导体芯。

2）带绝缘层：包裹全部导体，空隙处填以充填物。

3）绝缘材料：油浸纸、橡胶、聚乙烯、交联聚氯乙烯等。

（3）保护层。

1）内保护层：由铅或铝制成筒形，增加电缆绝缘的耐压作用，并且防水防潮、防止绝缘油外渗。

2）外保护层：由衬垫层（油浸纸等）、铠装层（钢带、钢丝）及外被层（浸沥青的黄

麻）组成，作用是防止电缆在运输、敷设和检修中免受机械损伤。

2. 电缆芯线材料及型号选择

（1）电缆类型。电缆芯线有铜芯和铝芯。电缆的型号很多，按绝缘方式和结构不同，可分为以下三种。

1）油浸纸绝缘电缆。又可分为黏性和不滴流纸绝缘两类；按不同结构可分为带绝缘电缆、屏蔽型和分铅型电缆。油浸纸绝缘电缆性能非常稳定，但不适宜用于高差大的场合。

2）挤压绝缘电缆。用聚合材料挤压在导体上做电缆绝缘，可分为聚氯乙烯、聚乙烯、交联聚乙烯和乙丙橡胶电缆等，制造工艺简单、敷设接头方便，逐步取代油浸纸绝缘电缆。

3）压力电缆。主要用于 63kV 及以上，按填充或压缩气隙的措施不同，可分为自容式充油、充气、钢管电缆和压气（SF_6）绝缘电缆等。

（2）电缆类型选择。电力电缆应根据其用途、敷设方式和使用条件进行选择。

1）厂用高压电缆一般选用纸绝缘铅包电缆。

2）除 110kV 及以上采用单相充油电缆或交联聚乙烯等干式电缆外，一般采用三相电缆。

3）高温场所（如主厂房）宜用阻燃电缆。

4）重要直流回路、消防和保安电源电缆宜选用耐火型电缆。

5）直埋地下一般选用钢带铠装电缆。

6）潮湿或腐蚀地区应选用塑料护套电缆。

7）敷设在高差大的地点，则应采用挤压绝缘电缆。

3. 额定电压选择

（1）电缆缆芯的相间额定电压 U_N，应大于等于所在电网的额定电压 U_{SN}，即 $U_N \geqslant U_{SN}$。

（2）电缆缆芯与绝缘屏蔽或金属套之间的额定电压选择原则。

1）中性点直接接地（或经低阻抗接地）的系统，当接地保护切除故障时间不超过 1min 时，选择使用回路的工作相电压作为额定电压，否则不宜低于 133％相电压。

2）中性点不接地系统中，额定电压一般不宜低于 133％相电压，对于单相接地故障可能持续 8h 以上，或对发电机等安全性要求较高的回路电缆，额定电压宜采用该回路的线电压。

4. 电缆截面选择

电力电缆截面选择方法与裸导体基本相同，一般按最大长期工作电流选择。对于发电机、变压器等重要负荷回路电缆，当最大负荷利用小数大于 5000h，且长度超过 20m 时，应按经济电流密度选择，并按最大长期工作电流校验。其修正系数 K 与敷设方式和环境温度有关。

5. 允许电压降校验

对供电距离较远、容量较大的电缆线路，应校验其电压损失 $\Delta U\%$，应满足 $\Delta U\% \leqslant 5\%$。对于长度为 L，单位长度的电阻为 r、电抗为 x 的三相交流电缆，其电压损失为

$$\Delta U(\%) = \frac{173}{U} I_{max} L (r\cos\varphi + x\sin\varphi)\%$$

6. 电缆热稳定校验

电缆的热稳定校验与裸母线相同，取 $K_f = 1.0$，满足热稳定最小截面 $S \geqslant \dfrac{\sqrt{Q_k}}{C} \times 10^3$（$mm^2$）

电缆不需要校验动稳定。

习题

1. 需要校验热稳定的是（　　）。

A. 电流互感器　　　　B. 熔断器　　　　　　C. 电压互感器　　　　D. 支柱绝缘子

2.35kV 电压等级电气设备的最高允许工作电压为（　　）。

A.35kV　　　　　　B.37kV　　　　　　　C.38.5kV　　　　　　D.40.5kV

3. 某 220/110/35kV 降压变电站，主变容量为 240MVA，则主变高压侧的持续工作电流为（　　）。

A. 630A　　　　　　B.661A　　　　　　　C.1323A　　　　　　D.4157A

4. 某变电站所在地区年最高温度为 42℃，最热月平均最高温度为 32℃，则选择屋内电流互感器的环境温度宜取（　　）。

A. 32℃　　　　　　B.37℃　　　　　　　C.42℃　　　　　　　D.47℃

5. 计算电气设备的热稳定计算时间宜取（　　）。

A. 主保护动作时间

B. 后备保护动作时间

C. 后备保护动作时间加上相应断路器的全开断时间

D. 主保护动作时间加上相应断路器的固有分闸时间

6. 关于高压断路器选择，描述错误的是（　　）。

A. 额定关合电流应不低于冲击短路电流

B. 在低于额定电压下使用时，其开断电流可以提高

C. 额定开断电流是以周期分量有效值表示，并计入了 20% 的非周期分量

D. 中小型发电厂和变电站采用中、慢速断路器时，开断电流应不低于短路全电流有效值

7. 隔离开关与断路器不同的选择项目是（　　）。

A. 动热稳定校验　　　　　　　　　B. 额定电压选择

C. 额定电流选择　　　　　　　　　D. 开断电流与关合电流选择

8. 关于高压熔断器的选择，描述正确的是（　　）。

A. 熔体的额定电流应大于或等于熔管的额定电流

B. 限流式熔断器的开断电流应不低于冲击电流有效值

C. 石英砂限流式熔断器，不宜使用在低于其额定电压的电网中

D. 跌落式熔断器的开断电流应不低于起始次暂态短路电流周期分量有效值

9. 某 220/110/35kV 变电站，220kV 电流互感器的额定电流为 1000A，短路时流过互感器的三相短路电流为 20kA，则电流互感器的动稳定倍数不宜低于（　　）。

A.20　　　　　　　B.28　　　　　　　　C.36　　　　　　　　D.51

10. 关于电压互感器的选择，说法错误的是（　　）。

A. 中性点直接接地系统的电压互感器剩余绕组额定电压为 100V

B. 三相五柱式电压互感器用于 20kV 以下，可测量相间电压或相对地电压

C.110～220kV 配电装置当容量和准确度等级满足要求时，宜采用电容式电压互感器

D. 电压互感器正常运行时，负载阻抗大，相当于开路运行，其误差与负载大小无关

第5章

配电装置的类型及特点

配电装置是根据电气主接线的连接方式，由开关电器、保护和测量电器、母线和必要的辅助设备组建而成的总体装置。其作用是在正常运行情况下接受和分配电能，而在系统发生故障时迅速切断故障部分，维持系统正常运行。

配电装置应满足的基本要求：运行可靠；便于操作、巡视和检修；保证工作人员安全；力求提高经济性；具有扩建的可能。

5.1 配电装置的最小安全净距   B 类考点

为了满足配电装置运行和检修的需要，各带电设备之间应相隔一定的距离。配电装置的整个结构尺寸，是综合考虑设备外形尺寸、检修、维护和运输的安全电气距离等因素而决定的。

对于敞露在空气中的配电装置，在各种间隔距离中，最基本的是带电部分对接地部分之间和不同相的带电部分之间的空间最小安全净距，即所谓的 A_1 和 A_2 值。

最小安全净距：在这一距离下，无论在正常最高工作电压或出现内、外部过电压时，都不致使空气间隙被击穿。

A 值与电极的形状、冲击电压波形、过电压及其保护水平、环境条件以及绝缘配合等因素有关。

220kV 及以下的配电装置大气过电压起主要作用；330kV 及以上内过电压起主要作用。当采用残压较低的避雷器（如氧化锌避雷器）时，A_1 和 A_2 值还可减小。

当海拔超过 1000m 时，按每升高 100m，绝缘强度增加 1% 来增加 A 值。

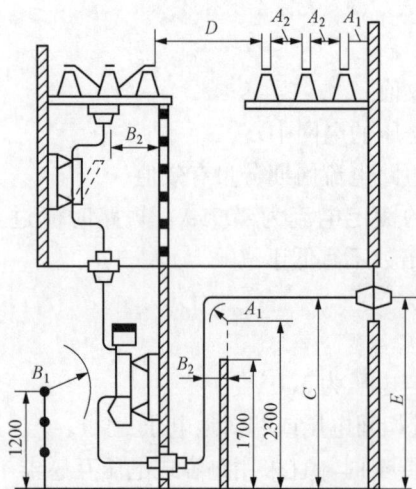

图 5-1 屋内配电装置安全净距校验图

对于敞露在空气中的屋内、外配电装置中各有关部分之间的最小安全净距分为 A、B、C、D、E 五类，屋内配电装置安全净距校验图如图 5-1 所示，屋外配电装置安全净距校验图如图 5-2 所示。图中有关尺寸说明如下。

电气设备的栅状遮栏高度不应低于 1200mm，栅状遮栏至地面的净距以及栅条间的净距应不大于 200mm。

电气设备的网状遮栏高度不应低于 1700mm，网状遮栏网孔不应大于 40mm×40mm。

位于地面（或楼面）上面的裸导体导电部分，如其尺寸受空间限制不能保证 C 值时，应采用网状遮栏隔离。网状遮栏下通行部分的高度不应小于 1900mm。

最小安全净距 A_1 和 A_2 值是根据过电压与绝缘配合计算，并根据间隙放电试验曲线确定的，而 B、C、D、E 值是在 A 值的基础上再考虑运行维护、设备移动、检修工具活动范围、施工误差等具体情况确定的。

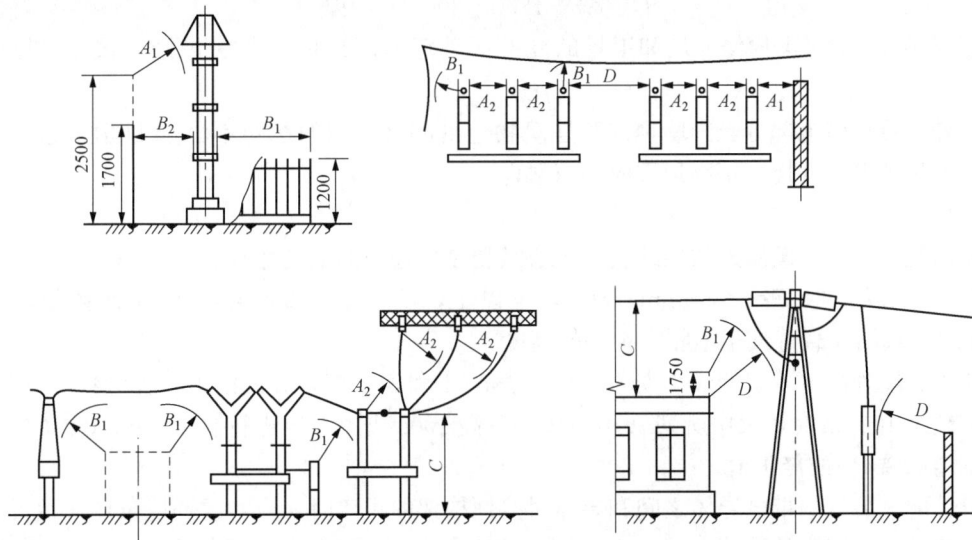

图 5-2 屋外配电装置安全净距校验图

1. A 值

（1）A_1 值：带电部分至接地部分之间的最小电气净距。

（2）A_2 值：不同相的带电导体之间的最小电气净距。

2. B 值

（1）B_1 值：带电部分至栅状遮栏间的距离和可移动设备的外廓在移动中至带电裸导体间的距离。

$$B_1 = A_1 + 750 \text{（mm）}$$

式中：750mm 为考虑运行人员手臂误入栅栏时手臂的长度，设备移动时的摆动也在 750mm 范围内，当导线垂直交叉且又要求不同时停电检修的情况下，检修人员在导线上下活动范围也不超过 750mm。

（2）B_2 值：带电部分至网状遮栏间的电气净距，即

$$B_2 = A_1 + 30 + 70 \text{（mm）}$$

式中：30mm 为水平方向的施工误差；70mm 为考虑人员的手指误入网状遮栏时的指长。

3. C 值

无遮栏裸导体至地面的垂直净距。保证人举手后，手与带电裸体间的距离不小于 A_1 值，即

$$C = A_1 + 2300 + 200 \text{（mm）}$$

式中：2300mm 为指运行人员举手后的总高度；200mm 是考虑施工误差（屋内不考虑）。在积雪严重地区还应考虑积雪的影响，此距离还应适当加大。

500kV 及以上电压等级配电装置，C 值是按静电感应的场强水平确定。为将配电装置内大部分地区的地面场强限制在 10kV/m 以下，500kV 宜取 7.5m，750kV 宜取 12m，1000kV

宜取 17.5m 或 19.5m。

4.D 值

不同时停电检修的平行无遮栏裸导体之间的水平净距，即

$$D=A_1+1800+200 \quad (mm)$$

式中：1800mm 为考虑检修人员和工具的允许活动范围；200mm 是考虑施工误差（屋内不考虑）。

此外，要求带电部分至围墙顶部和建筑物边沿部分之间的净距不小于 D 值，这也是考虑当有人爬到上述（构）筑物顶部时不致触电。

5.E 值

屋内配电装置通向屋外的出线套管中心线至屋外通道路面的距离。

35kV 及以下取 $E=4000mm$；60kV 及以上，$E=A_1+3500mm$ 并取整数值，其中 3500mm 为人站在载重汽车车厢中举手的高度。

屋内、屋外配电装置的最小安全净距见表 5-1 和表 5-2，分别给出了各参数的具体值。当海拔超过 1000m 时，表中所列 A 值应按每升高 100m 增大 1% 进行修正，B、C、D、E 值应分别增加 A_1 值的修正值。

设计配电装置中带电导体之间和导体对接地构架的距离时，应考虑环境条件，运行、维护、检修等相关因素的影响，工程上采用相间距离和相对地的距离通常大于表 5-1 和表 5-2 所列的数值。

表 5-1　　　　屋内配电装置的最小安全净距　　　　（单位：mm）

符号	适用范围	额定电压（kV）									
		3	6	10	15	20	35	66	110J	110	220J
A_1	带电部分至接地部分之间 网状和板状遮栏向上延伸线距地 2.3m 处，与遮栏上方带电部分之间	75	100	125	150	180	300	550	850	950	1800
A_2	不同相带电部分之间 断路器和隔离开关的断口两侧引线带电部分之间	75	100	125	150	180	300	550	900	1000	2000
B_1	栅状遮栏至带电部分之间 交叉的不同时停电检修的无遮栏带电部分之间	825	850	875	900	930	1050	1300	1600	1700	2550
B_2	网状遮栏至带电部分之间	175	200	225	250	280	400	650	950	1050	1900
C	无遮栏裸导体至地（楼）面间	2375	2400	2425	2450	2480	2600	2850	3150	3250	4100
D	平行的不同时停电检修的无遮栏裸导体之间	1875	1900	1925	1950	1980	2100	2350	2650	2750	3600
E	通向屋外的出线套管至屋外道路的路面	4000	4000	4000	4000	4000	4000	4500	5000	5000	5500

表 5-2　　　　　　　　　　屋外配电装置的最小安全净距　　　　　　（单位：mm）

符号	适应范围	系统标称电压（kV）										
		3～10	15～20	35	66	110J	110	220J	330J	550J	750J	1000J
A_1	带电部分至接地部分之间 网状遮栏向上延伸线距地2.5m处与遮栏上方带电部分之间	200	300	400	650	900	1000	1800	2500	3800	5500	7500
A_2	不同相带电部分之间 断路器和隔离开关的断口两侧带电部分之间	200	300	400	650	1000	1100	2000	2800	4300	7200	11300
B_1	设备运输时，其外廓至无遮栏带电部分之间 交叉的不同时停电检修的无遮栏带电部分之间 栅状遮栏至绝缘体和带电部分之间 带电作业时的带电部分至接地部分之间	950	1050	1150	1400	1650	1750	2550	3250	4550	6250	8250
B_2	网状遮栏至带电部分之间	300	400	500	750	1000	1100	1900	2600	3900	5600	7600
C	无遮栏裸导体至地面之间 无遮栏裸导体至建筑物、构筑物顶部之间	2700	2800	2900	3100	3400	3500	4300	5000	7500	12000	19500
D	平行的不同时停电检修的无遮栏裸导体之间 带电部分与建筑物、构筑物的边沿部分之间	2200	2300	2400	2600	2900	3000	3800	4500	5800	7500	9500

5.2　配电装置的类型及应用　A类考点

5.2.1　配电装置的类型

根据配电装置布置位置分为：屋外配电装置和屋内配电装置。

根据电气设备和母线布置的高度分为：中型配电装置、半高型配电装置和高型配电装置。

根据组装方式分为：装配式和成套式。

根据配电装置绝缘介质分为：敞开式配电装置（AIS）、SF_6全封闭组合电器（GIS）和复合式气体绝缘金属封闭设备 HGIS。

1. 屋内配电装置

（1）由于允许安全净距小和可以分层布置而使占地面积较小。

（2）维修、巡视和操作在室内进行，减轻维护工作量，不受气候影响。

（3）外界污秽空气对电器影响较小，可以减少维护工作量。

（4）房屋建筑投资较大，建设周期长。可采用价格较低的户内型设备。

2．屋外配电装置

（1）土建工作量和费用较小，建设周期短。

（2）与屋内配电装置相比，扩建比较方便。

（3）相邻设备之间距离较大，便于带电作业。

（4）与屋内配电装置相比，占地面积大。

（5）受外界环境影响，设备运行条件较差，须加强绝缘。

（6）不良气候对设备维修和操作有影响。

3．成套配电装置

（1）电器布置在封闭或半封闭的金属（外壳或金属框架）中，相间和对地距离可以缩小，结构紧凑，占地面积小。

（2）所有电器元件已在工厂组装成一体，如 SF_6 全封闭组合电器、开关柜等，大大减少现场安装工作量，有利于缩短建设周期，也便于扩建和搬迁。

（3）运行可靠性高，维护方便。

（4）耗用钢材较多，造价较高。

5.2.2　配电装置的应用

（1）配电装置型式的选择应根据设备选型及进出线方式，结合工程实际情况，因地制宜，并与发电厂或变电站以及相应水利水电工程总体布置协调，通过技术经济比较确定。在技术经济合理时，宜采用占地少的配电装置型式。

（2）一般情况下，110kV 及以上电压等级的配电装置宜采用屋外配电装置。

（3）3～35kV 电压等级的配电装置宜采用成套式高压开关柜配置型式。

（4）Ⅳ级污秽区、大城市中心地区、土石方开挖工程量大的山区的 110kV 和 220kV 配电装置，宜采用屋内配电装置；当技术经济合理时，可采用气体绝缘金属封闭开关设备（GIS）配电装置。

（5）Ⅳ级污秽区、海拔高度大于 2000m 地区的 330kV 以上电压等级的配电装置，当技术经济合理时，可采用气体绝缘金属开关设备（GIS）配电装置或部分气体绝缘金属开关设备（HGIS）配电装置。

（6）地震烈度为 9 度及以上地区的 110kV 及以上电压等级的配电装置宜采用气体绝缘金属封闭开关设备（GIS）配电装置。

5.3　配电装置设计原则及步骤　B 类考点

5.3.1　配电装置设计原则

（1）应贯彻国家法律、法规，执行国家的建设方针和技术经济政策，符合安全可靠、运行维护方便、经济合理、环境保护的要求。

（2）应根据电力负荷性质、容量、环境条件、运行维护等要求，合理选用设备和制定布置方案。在技术经济合理时应选用效率高、能耗小的电气设备和材料。

（3）应根据工程特点、规模和发展规划，做到远、近期结合，以近期为主。

（4）必须坚持节约用地的原则。

（5）应符合现行的有关国家标准和行业标准的规定。

5.3.2 配电装置设计要求

1. 满足安全净距的要求

（1）屋内配电装置带电部分的上面，不应有明敷的照明或动力线路跨越。

（2）屋内电气设备外绝缘体最低部位距地小于 2.3m 时，应装设固定遮栏。

（3）屋外配电装置带电部分的上面或下面，不应有照明、通信和信号线路架空跨越或穿过。

（4）屋外电气设备外绝缘体最低部位距地小于 2.5m 时，应装设固定遮栏。

（5）屋外配电装置使用软导线时，带电部分至接地部分和不同相的带电部分之间的最小电气距离，应根据外过电压和风偏，内过电压和风偏，最大工作电压、短路摇摆和风偏三种条件进行校验，并采用其中最大数值。

配电装置中相邻带电部分的额定电压不同时，应按较高的额定电压确定其安全净距。

2. 施工、运行和检修的要求

（1）施工要求。配电装置设计时要考虑安装检修时设备搬运及起吊的便利；应考虑土建施工误差，保证电气安全净距要求，一般不宜选用规程规定的最小值，而应留有适当的裕度（50mm 左右）；必须考虑分期建设和扩建过渡的便利。

（2）运行要求。各级电压配电装置之间，以及它们和各种建（构）筑物之间的距离和相对位置，应充分考虑运行的安全和便利。

（3）检修要求。为保证检修人员在检修电器及母线时的安全，电压为 63kV 及以上的配电装置，对断路器两侧的隔离开关和线路隔离开关的线路侧，宜配置接地开关；每段母线上宜装设接地开关或接地器。

电压为 110kV 及以上的屋外配电装置，应视其在系统中的地位、接线方式、配电装置型式以及该地区的检修经验等情况，考虑带电作业的要求。

3. 噪声的允许标准及限制措施

配电装置中的噪声源主要是变压器、电抗器及电晕放电。

（1）噪声允许标准。对 500kV 电气设备，距外壳 2m 处的噪声水平要求不超过下述数值。

电抗器：80dB（A）。

断路器：连续性噪声水平 85dB（A）；非连续性噪声水平，屋内为 90dB（A），屋外空气断路器为 110dB（A），屋外 SF_6 断路器为 85dB（A）。

变压器等其他设备：85dB（A）。

（2）限制噪声的措施。

1）优先选用低噪声或符合标准的电气设备。

2）注意主（网）控室、通信楼、办公室等与主变压器的距离和相对位置，尽量避免平行相对布置。

4. 静电感应的场强水平和限制措施

（1）静电感应强度水平。330kV 及以上电压等级配电装置内设备遮栏外离地 1.5m 的静电感应场强水平不宜超过 10kV/m，220kV 为 5kV/m。

配电装置围墙外侧非出线方向为居民区时，离地 1.5m 的静电感应场强水平不宜大于 5kV/m。

（2）静电感应的限制措施。

1）尽量不要在电气设备上方设置带电导线。

2）对平行跨导线的相序排列要避免或减少同相布置，尽量减少同相母线交叉及同相转角布置，以免场强直接叠加。

3）当技术经济合理时，可适当提高电气设备及引线安装高度。

4）控制箱和操作设备尽量布置在场强较低区，必要时可增设屏蔽线或设备屏蔽环等。

5. 电晕无线电干扰和控制

在超高压配电装置中，电晕中高次谐波分量形成高频电磁波，对无线电通信、广播等产生干扰。其中频率为 1MHz 时的干扰值最大。

（1）允许标准：在晴天，配电装置围墙外 20m 处（距出线边相导线投影的横向距离 20m 外），对 1MHz 时的无线电干扰值不大于 50dB（A）。

（2）110kV 及以上电压等级的高压电气设备及金具，在 1.1 倍最高工作相电压下，晴天夜晚不应出现可见电晕，1MHz 时的无线电干扰电压不大于 $2500\mu V$，110kV 及以上电压等级导体的电晕临界电压应大于导体安装处的最高工作电压。

（3）电晕无线电干扰限值措施。

1）采用扩径空芯导线、多分裂导线、大直径铝管或组合式铝管。

2）在设备的高压导电部件上设置不同形状和数量的均压环或罩。

5.3.3　配电装置设计步骤

（1）选择配电装置的型式。应考虑电压等级、设备的型式、出线、有无电抗器、地形、环境条件等因素。

（2）配电装置的型式确定后，拟定配电装置的配置图。

（3）按照所选电气设备的外形尺寸、运输方法、检修及巡视的安全和方便等要求，遵照配电装置设计有关技术规程的规定，并参考各种配电装置的典型设计和手册，设计绘制配电装置平面图和断面图。

5.4　屋内配电装置　B 类考点

1. 屋内配电装置类型

发电厂和变电站的屋内配电装置，按其布置型式一般可以分为三层式、二层式和单层式。

（1）三层式。将所有电器依其轻重分别布置在三层中，具有安全性、可靠性高，占地面积少等特点，但其结构复杂，施工时间长，造价较高，检修和运行维护不大方便，目前已较少采用。

（2）二层式。将断路器和电抗器布置在第一层，将母线、母线隔离开关等较轻设备布置在第二层。与三层式相比，二层式的造价较低，运行维护和检修较方便，但占地面积有所增加。

三层式和二层式均用于出线有电抗器的情况。

（3）单层式。占地面积较大，通常采用成套开关柜，减少占地面积。

35～220kV 的屋内配电装置，只有二层式和单层式。

2. 屋内配电装置图

（1）配置图，是一种示意图，按选定的主接线方式来表示进线（如发电机、变压器）、出线（如线路）、断路器、互感器、避雷器等合理分配于各层、各间隔中，并表示出导线和电气设备在各间隔的轮廓外形，不要求按比例尺寸绘出。通过配置图可以了解和分析配电装置的总体布置方案，统计所用的主要电气设备。

（2）平面图，是在平面上按比例画出房屋及其间隔、通道和出口等处的平面布置轮廓，平面上的间隔只是为了确定间隔数及排列，故可不表示所装电气设备。

（3）断面图，是用来表明所取断面的间隔中各种设备的具体空间位置、安装和相互连接的结构图，断面图也应按比例绘制。

3. 屋内配电装置布置原则

110kV 及以下电压等级的配电装置普遍采用屋内式。

（1）配电装置的间隔布置。配电装置的间隔布置应根据变压器进线和线路的顺序排列，尽量不交叉。相邻间隔均为架空出线时，必须考虑当一回路带电、另一回路检修时的安全措施，如将出线悬挂点偏移，两回出线间加隔板等。

（2）母线的布置。母线可为矩形母线或管形母线。其布置方式包括水平布置、垂直布置和直角三角形布置。矩形母线的布线应尽量减少母线的弯曲，尤其是多片母线的立弯；采用管形母线时，其引下线宜采用软线。

（3）断路器的布置。一般选用屋内式断路器。要有"五防"措施，要有接地的设施。

（4）隔离开关。隔离开关操动机构的安装高度，摇式一般为 0.9m，上、下板式一般为 1.05m。

双母线系统的隔离开关操动机构在间隔正面的布置一般按"左工"（工作母线）、"右备"（备用母线）的原则考虑。

（5）电抗器。电抗器布置方式包括垂直布置、品字形布置和水平布置三种。

1）垂直布置。适用于 $I_N \leqslant 1000A$，B 相必须放在中间，电抗器基础的动荷载，除应考虑电抗器本身质量外，尚应计算 5000N 的电动作用力。

2）品字形布置。适用于 $I_N > 1000A$，不得将 A、C 相叠在一起。

3）水平布置。适用于 $I_N > 1500A$ 的母线分段电抗器或变压器低压侧电抗器（或分裂电抗器）。

（6）互感器和避雷器。

1）电流互感器一般都与断路器装在同一小室内；穿墙式电流互感器应尽可能兼作穿墙套管用。

2）电压互感器一般单独占用专门间隔，但同一间隔内可装设几台不同用途的电压互感器。

3）当母线接有架空线时，母线上装设的阀型避雷器，可和电压互感器共用一个间隔，但应以隔层隔开。

（7）通道和出口。

1）通道。为便于设备的维护、操作、检修和搬运，配电装置需设置必要的通道。

维护通道。用来维护和搬运各种电气设备的通道。

操作通道。用来进行操作的通道。装有断路器和隔离开关的操动机构、就地控制屏等设备。

防爆通道。仅与防爆小室相连的通道称作防爆通道。

2）出口。为保证工作人员的安全和工作便利，长度小于 7m 时，可设一个出口；长度大于 7m 时，应设两个出口（最好设在两端）；长度大于 60m 时，应设三个出口（中间增加一个）。配电装置室的门应为向外开的防火门，并装有弹簧锁，如相邻配电装置之间有门，应能向两个方向开启。

4. 屋内配电装置的布置实例

如图 5 - 3 所示为 6～10kV 双母线、出线带电抗器、二层式屋内配电装置布置图。

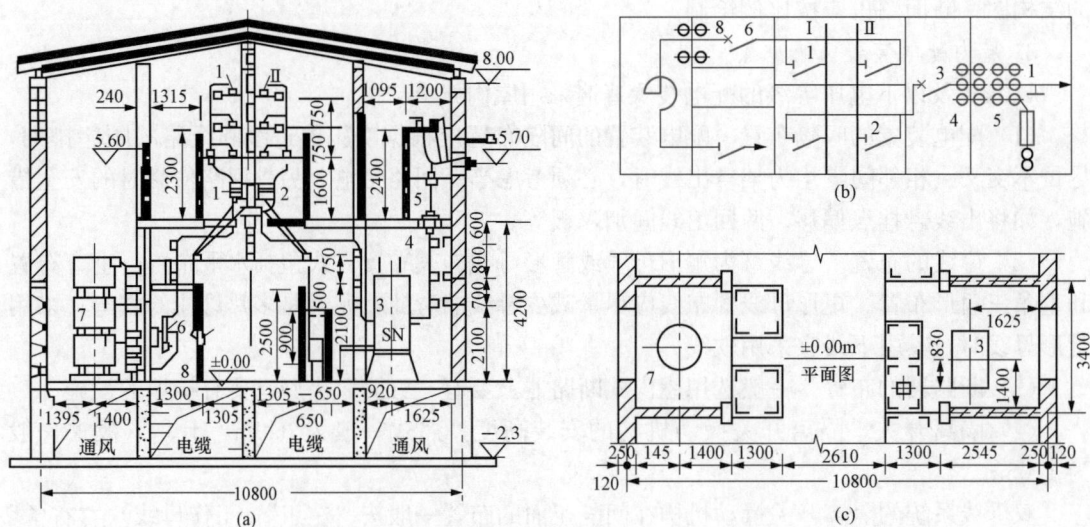

图 5 - 3　6～10kV 双母线、出线带电抗器、二层式屋内配电装置布置图
(a) 进出线断面图；(b) 配置图；(c) 底层平面图
1、2—隔离开关；3、6—断路器；4、5、8—电流互感器；7—电抗器

5.5　屋外配电装置　A 类考点

1. 屋外配电装置类型

根据电气设备和母线布置的高度可分为中型配电装置、高型配电装置和半高型配电装置。

（1）中型配电装置。

1）将所有电气设备都安装在同一水平面内，并装在一定高度的基础上，使带电部分对

118

地保持必要的高度，以便工作人员能在地面上安全活动；中型配电装置母线所在的水平面稍高于电气设备所在的水平面，母线和电气设备均不能上、下重叠布置。

2）优缺点：布置清晰，不易误操作，运行可靠，施工和维护方便，造价较省，运行经验丰富；缺点是占地面积过大。

3）分类：按照隔离开关的布置方式，可分为普通中型配电装置和分相中型配电装置。所谓分相中型配电装置系指隔离开关是分相直接布置在母线的正下方，其余的均与普通中型配电装置相同。

（2）高型配电装置。

1）将一组母线及隔离开关与另一组母线及隔离开关上下重叠布置的配电装置。

2）优缺点：可以节省占地面积 50％左右，但耗用钢材较多，造价较高，操作、维护和抗震能力较差，已逐渐被弃用。

2）分类：分为单框架双列式、双框架单列式和三框架双列式三种类型。

（3）半高型配电装置。

1）将母线置于高一层的水平面上，与断路器、电流互感器、隔离开关上下重叠布置。

2）优缺点：半高型配电装置介于高型和中型之间，具有两者的优点，占地面积比普通中型减少 30％。除母线隔离开关外，其余部分与中型布置基本相同，运行维护仍较方便。

2. 屋外配电装置的选型

屋外配电装置的型式除与主接线有关外，还与场地位置、面积、地质、地形条件及总体布置有关，并受到设备材料的供应、施工、运行和检修要求等因素的影响和限制，应通过技术经济比较来选择最佳方案。

（1）中型配电装置。普通中型配电装置一般用在非高产农田地区及不占良田和土石方工程量不大的地方，并宜在地震烈度较高的地区采用。

分相中型配电装置采用硬管母线配合剪刀式（或伸缩式）隔离开关方案，布置清晰、美观，可省去大量构架，较普通中型配电装置方案节约用地 1/3 左右；但支柱式绝缘子防污、抗震能力较差，在污秽严重或地震烈度较高的地区不宜来用。中型配电装置广泛用于 110～1000kV 电压等级。

（2）高型配电装置。高型配电装置的最大优点是占地面积少，由于高型配电装置在抗震能力、运行维护、扩建改造等方面存在诸多不足之处，目前已逐步淘汰。取而代之的 GIS 设备在各电压等级配电装置的应用日趋广泛。

（3）半高型配电装置。半高型配电装置节约占地面积不如高型显著，但运行、施工条件稍有改善，所用钢材比高型少。半高型适宜用于 110、220kV 配电装置。

3. 屋外配电装置布置原则

（1）母线及构架。

1）母线。屋外配电装置的母线有软母线和硬母线两种。

软母线为钢芯铝绞线、软管母线和分裂导线，三相呈水平布置，用悬式绝缘子悬挂在母线构架上，220kV 双母线、软母线普通中型配电装置如图 5-4 所示。

硬母线常用的有矩形和管形。220kV 双母线、管型母线分相中型配电装置如图 5-5 所示。矩形用于 35kV 及以下配电装置中，管形则用于 110kV 及以上的配电装置中，管形硬母线一般安装在柱式绝缘子上，母线不会摇摆，相间距离可缩小，与剪刀式隔离开关配合可以

图 5-4　220kV 双母线、软母线普通中型配电装置

图 5-5　220kV 双母线、管型母线分相中型配电装置

节省占地面积；管形母线直径大，表面光滑，可提高电晕起始电压。但管形母线易产生微风共振和存在端部效应，对基础不均匀下沉比较敏感，支柱绝缘子抗震能力较差。

2）构架。屋外配电装置的构架可用型钢或钢筋混凝土制成。

钢构架机械强度大，可以按任何负荷和尺寸制造，便于固定设备，抗震能力强，运输方便。钢筋混凝土构架可以节约大量钢材，也可满足各种强度和尺寸的要求，经久耐用，维护简单。

（2）电力变压器。电力变压器采用落地布置，安装在变压器基础上。

变压器基础一般做成双梁形并铺以铁轨，轨距等于变压器的滚轮中心距。为了防止变压器发生事故时，燃油流失使事故扩大，单个油箱油量超过 1000kg 以上的变压器，按照防火要求，在设备下面需设置储油或挡油墙，其尺寸应比设备外廓大 1m，储油池内一般铺设厚度不小于 0.25m 的卵石层。

主变压器与建筑物的距离不应小于 1.25m，且距变压器 5m 以内的建筑物在变压器总高度以下及外廓两侧各 3m 的范围内不应有门窗和通风孔。当变压器油量超过 2500kg 以上时，两台变压器之间的防火净距（不应小于5～10m）应符合屋外油浸变压器或电抗器之间的最小间距见表5-3规定。如布置有困难应设置防火墙。

表5-3　　　　　　　　　　屋外油浸变压器或电抗器之间的最小间距　　　　　　（单位：m）

电压等级	35kV 及以下	66kV	110kV	220kV 及 330kV	500kV 及以上
最小间距	5	6	8	10	15

（3）高压断路器。按照断路器在配电装置中所占据的位置，可分为单列、双列和三列布置。

断路器有低式和高式两种布置。低式布置的断路器安装在0.5～1m的混凝土基础上，其优点是检修比较方便，抗震性能好，但低式布置必须设置围栏，影响通道的畅通。在中型配电装置中，断路器和互感器多采用高式布置，即把断路器安装在约高2m的混凝土基础上，基础高度应满足电器支柱绝缘子最低裙边的对地距离为2.5m；电器间的连线对地面距离应符合C值要求。

（4）避雷器。避雷器也有高式和低式两种布置。110kV及以上的阀型避雷器由于器身细长，多落地安装在0.4m的基础上。磁吹避雷器及35kV阀型避雷器形体矮小，稳定度较好，一般采用高式布置。

（5）隔离开关和互感器。隔离开关和互感器均采用高式布置，其要求与断路器相同。隔离开关的手动操动机构宜布置在边相，当三相联动时宜布置在中相。

（6）道路。为了运输设备和消防的需要，应在主要设备近旁铺设行车道路。大、中型变电站内一般均应铺设宽3m的环形道。屋外配电装置内应设置0.8～1m的巡视小道，以便运行人员巡视电气设备，电缆沟盖板可作为部分巡视小道。

4. 屋外配电装置的布置实例

（1）普通中型配电装置。

1）220kV双母线、进出线带旁路、断路器单列布置、普通中型配电装置进出线断面图与平面图，如图5-6所示。

2）110kV单母分段、断路器双列布置、普通中型配电装置进出线断面图，如图5-7所示。

（2）分相中型配电装置。

1）220kV支持管形双母线带旁路、垂直伸缩式隔离开关、分相中型配电装置进出线间隔断面图与平面图，如图5-8所示。

2）500kV一台半断路器接线、断路器三列布置、分相中型配电装置进出线断面图，如图5-9所示。

（3）高型配电装置。

1）220kV双母线、进出线带旁路、三框架、断路器双列布置、高型配电装置进出线断面图，如图5-10所示。

2）35kV双母线、断路器双列布置、高型配电装置进出线断面图，如图5-11所示。

（4）半高型配电装置。

1）110kV单母线分段接线、半高型配电装置出线断面图，如图5-12所示。

2）110kV单母线、进出线带旁路、半高型配电装置进出线断面图，如图5-13所示。

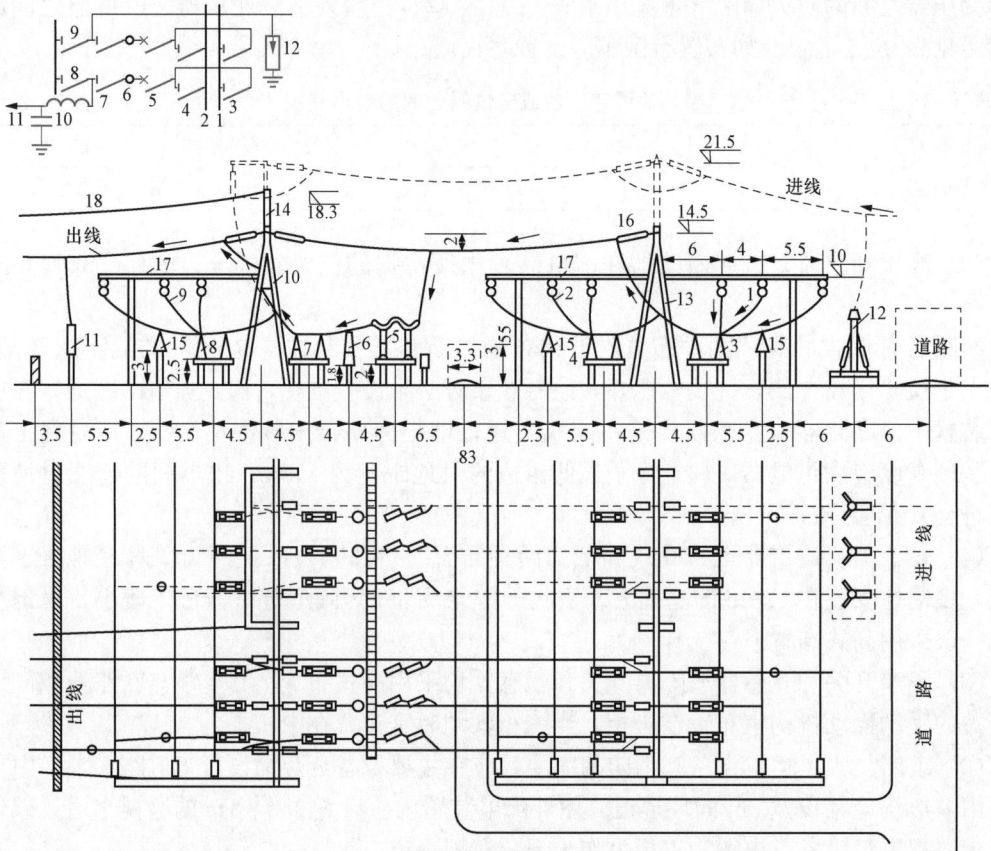

图 5-6　220kV 双母线、进出线带旁路、断路器单列布置、普通中型配电装置进出线断面图与平面图

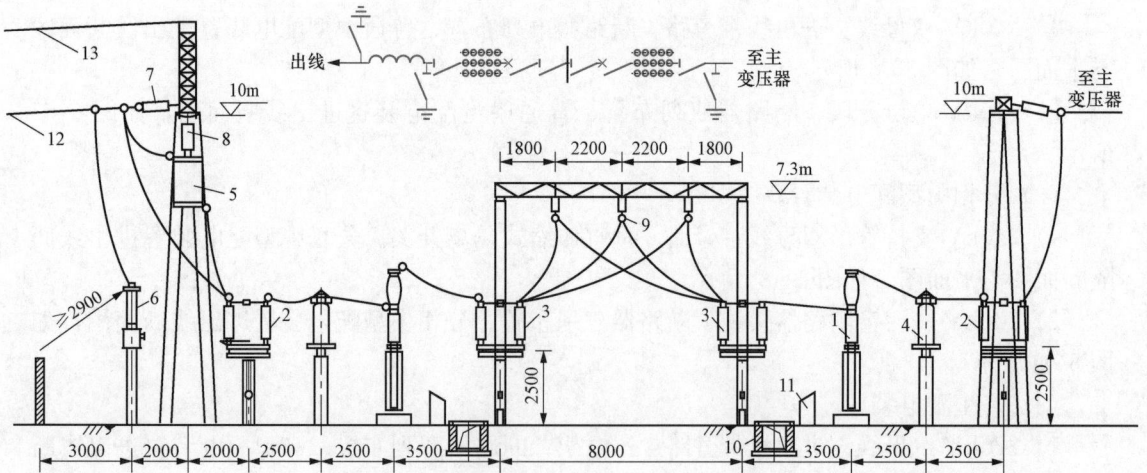

图 5-7　110kV 单母分段、断路器双列布置、普通中型配电装置进出线断面图

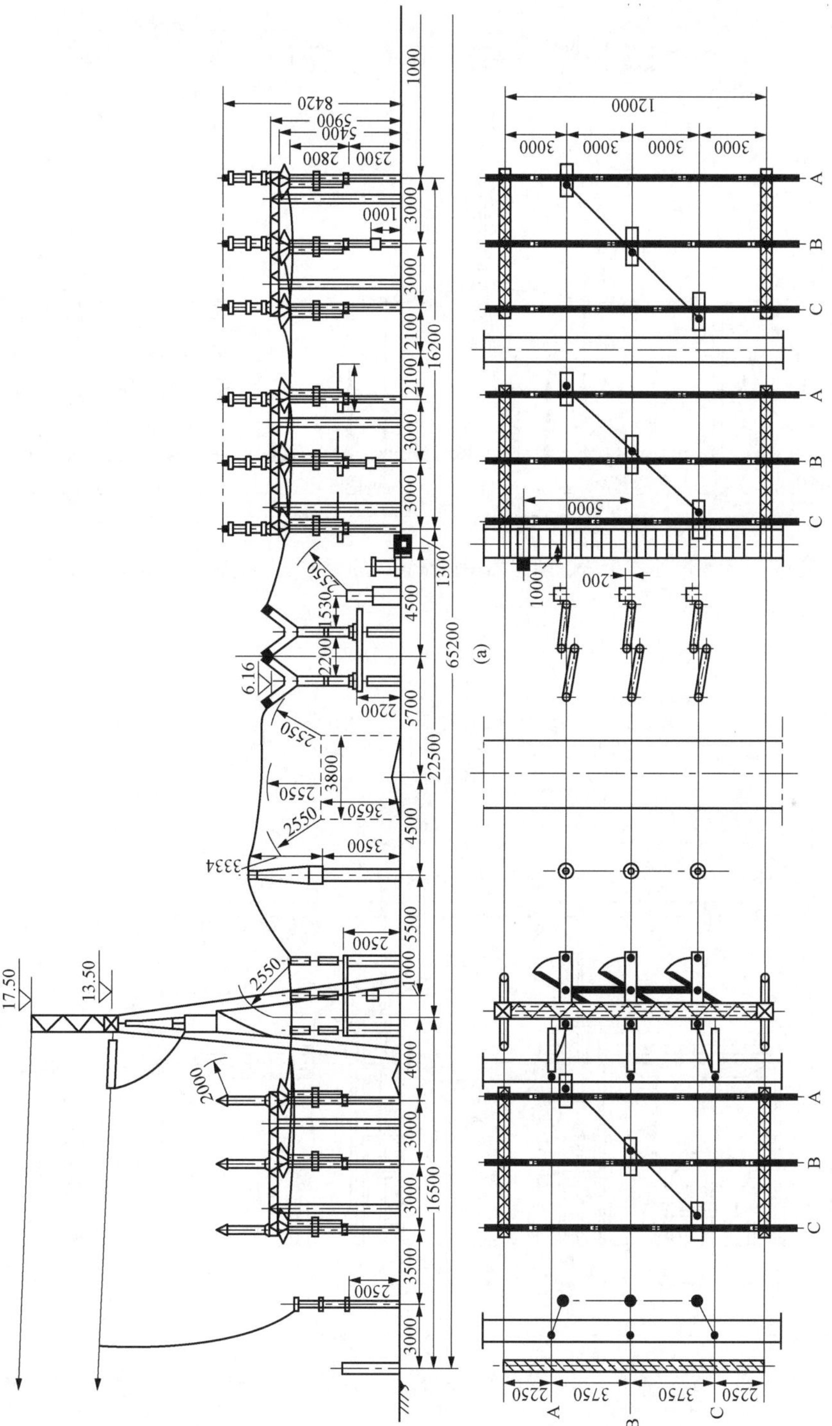

图 5-8 220kV 支持管型双母线带旁路、垂直伸缩式隔离开关、分相中型配电装置进出线间隔断面图与平面图

123

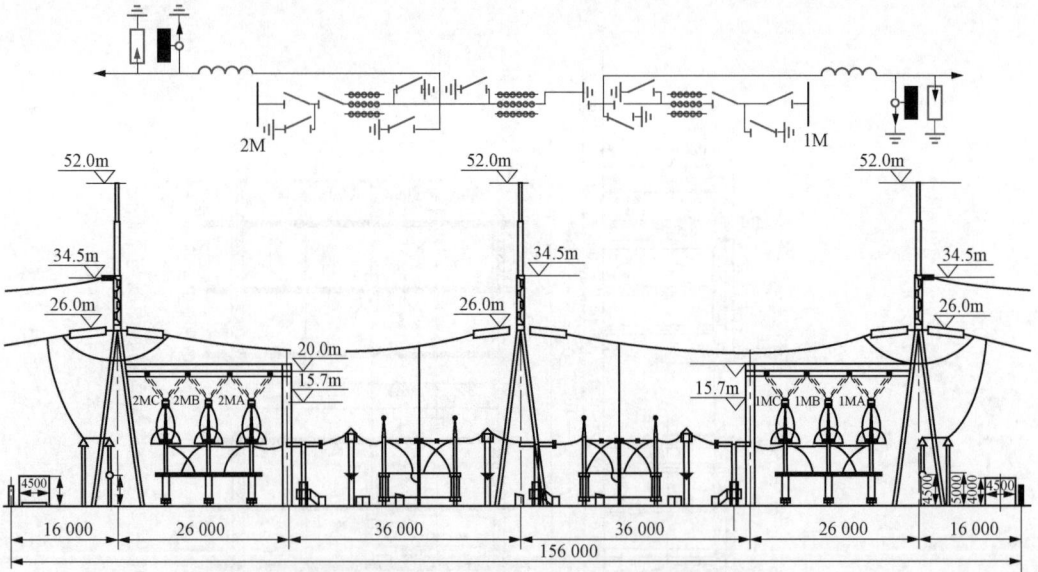

图 5-9 500kV 一台半断路器接线、断路器三列布置、分相中型配电装置进出线断面图

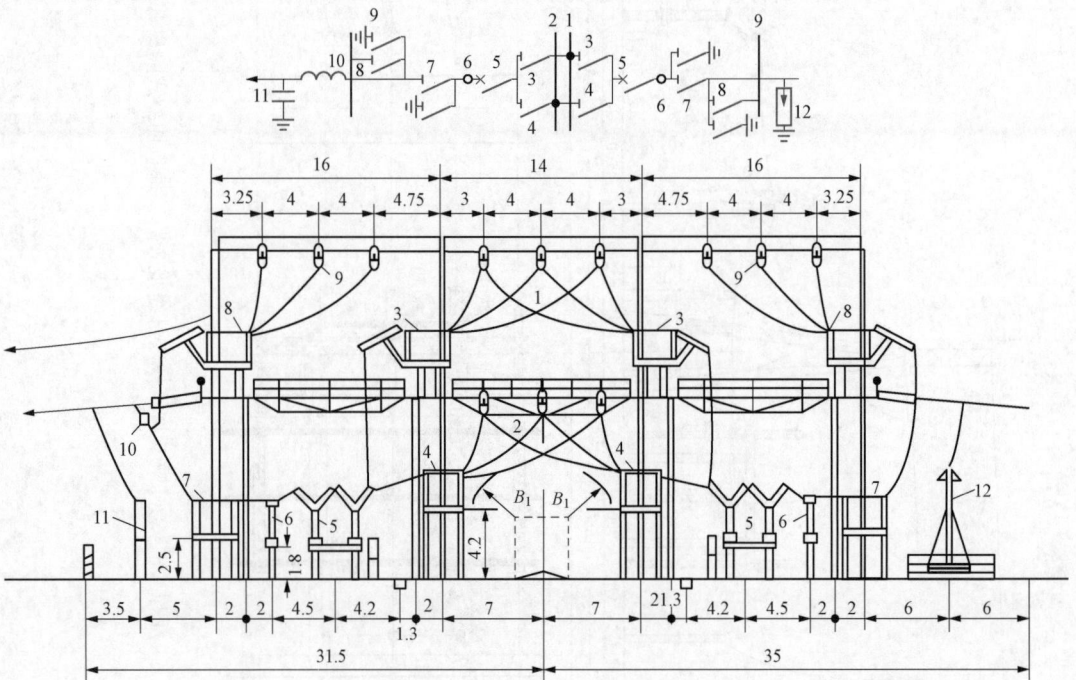

图 5-10 220kV 双母线、进出线带旁路、三框架、断路器双列布置、高型配电装置进出线断面图

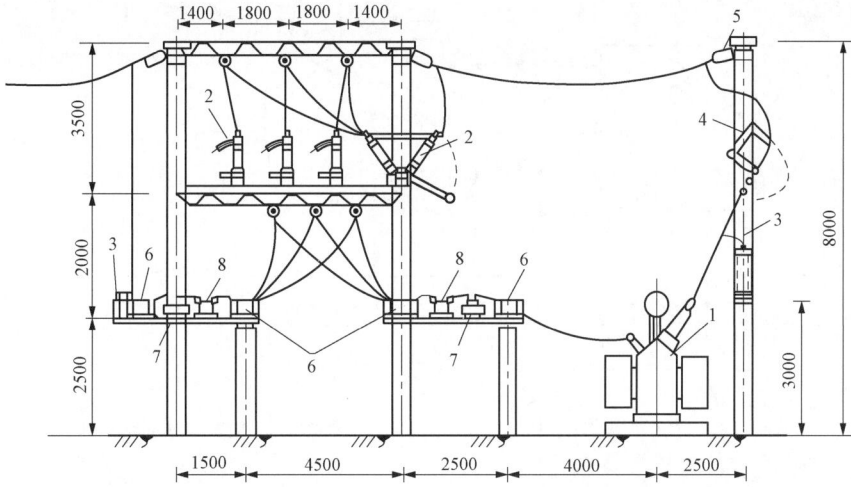

图 5-11 35kV 双母线、断路器双列布置、高型配电装置进出线断面图

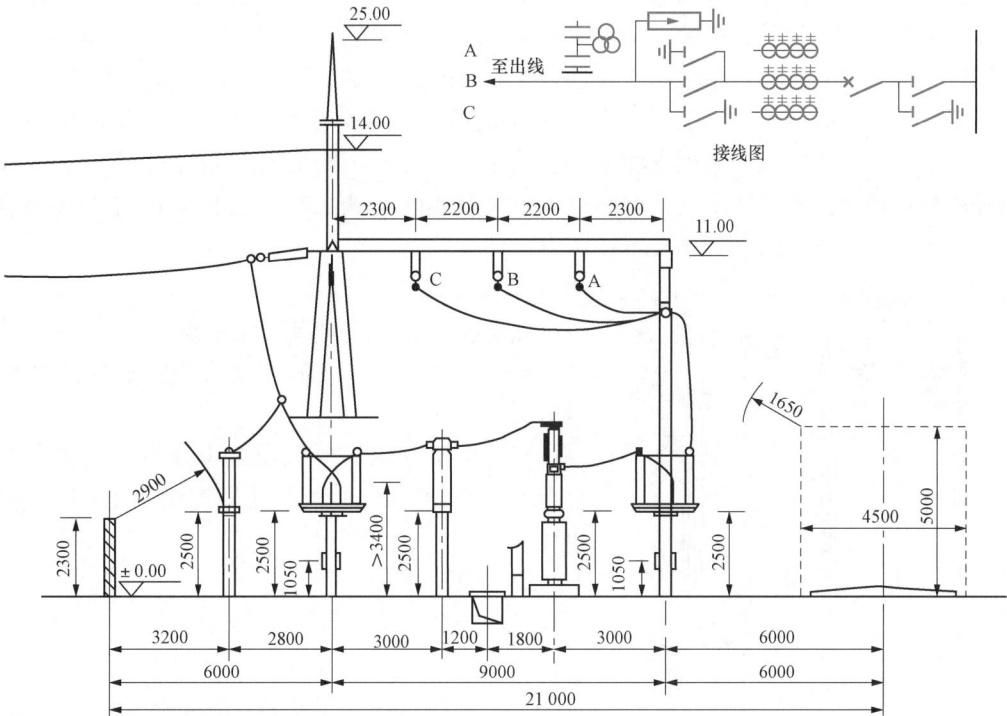

图 5-12 110kV 单母线分段接线、半高型配电装置出线断面图

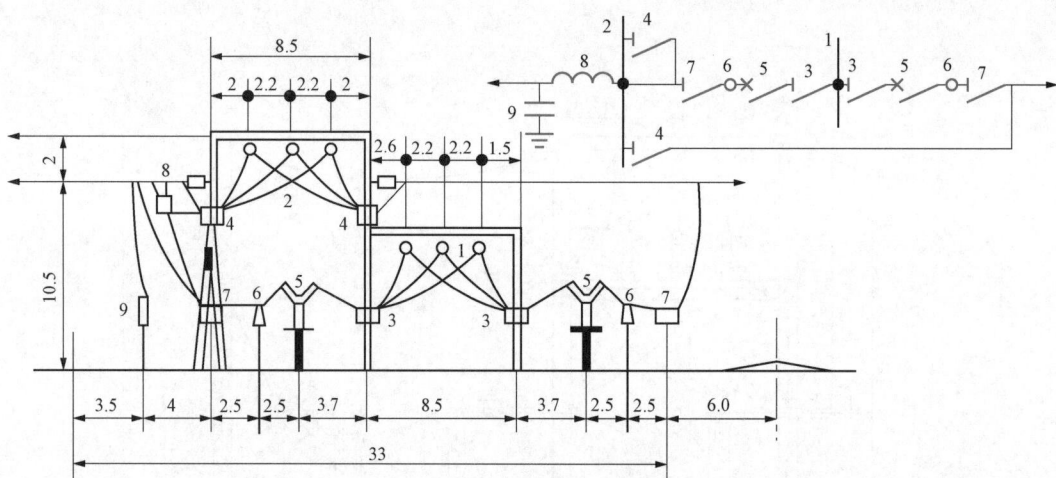

图 5-13　110kV 单母线、进出线带旁路、半高型配电装置进出线断面图

5.6　成套配电装置　A 类考点

按照电气主接线的标准配置或用户的具体要求，将同一功能回路的开关电器、测量仪表、保护电器和辅助设备都组装在全封闭或半封闭的金属壳（柜）体内，形成标准模块，由制造厂按主接线成套供应，各模块在现场装配而成的配电装置称为成套配电装置。

成套配电装置分为低压配电屏（或开关柜）、高压开关柜和 SF_6 全封闭组合电器三类。

按安装地点不同，又分为屋内和屋外形。低压配电屏只做成屋内型；高压开关柜有屋内和屋外两种，由于屋外有防水、锈蚀问题，故目前大量使用的是屋内型；SF_6 全封闭组合电器也因屋外气候条件较差，大多布置在屋内。

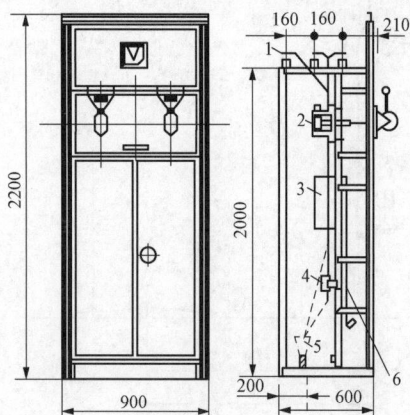

图 5-14　PGL 型交流低压配电屏

1. 低压配电屏

低压配电屏分为固定式和手车式（又称抽屉式）低压开关柜两大类。PGL 型交流低压配电屏如图 5-14 所示。

广泛用于发电厂的低压配电装置。它可分为动力配电中心柜（PC）和电动机控制中心柜（MCC）两种类型。

2. 高压开关柜

高压开关柜按结构形式可分为固定式和手车式两种。

（1）固定式高压开关柜。断路器安装位置固定，各功能区相通而且敞开，结构简单。断路器室体积小，断路器维修不便。

（2）手车式高压开关柜。高压断路器安装于可移动手车上，断路器手车可移出柜外检修，使用备用断路器手车代替检修的断路器手车，以减少停电时间。KYN63A-12 高压开关柜如图 5-15 所示。

(3) 高压开关柜的"五防"功能。

1) 防止误分、误合断路器。

2) 防止带负荷分、合隔离开关。

3) 防止带电挂接地线或合接地开关。

4) 防止带接地线或接地开关合闸。

5) 防止误入带电间隔。

以保证可靠的运行和操作人员的安全。

3. 气体绝缘金属封闭开关设备

气体全封闭组合电器（Gas Insulated Switchgear - GIS）它是由断路器、隔离开关、接地开关、电流互感器、电压互感器、避雷器、母线和出线套管等元件，按电气主接线的要求依次连接组合成一个整体，并且全部封闭于接地的金属外壳中，壳体内充一定压力 SF_6 气体，作为绝缘和灭弧介质。

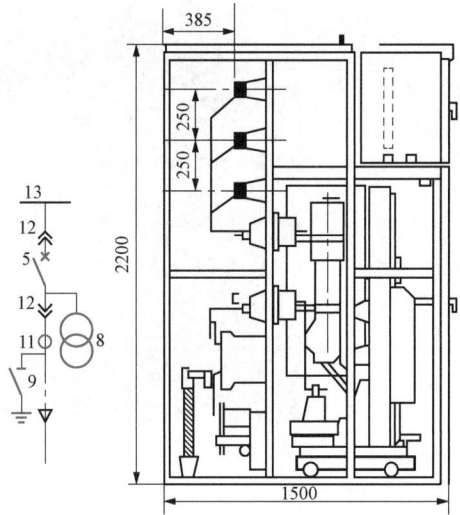

图 5-15　KYN63A-12 高压开关柜

SF_6 全封闭组合电器，可分为全 SF_6 气体绝缘型封闭式组合电器（GIS）和部分气体绝缘型封闭式组合电器（HGIS）。前者是全封闭的，而后者则有两种情况：一种是除母线、避雷器和电压互感器外，其他元件均采用 SF_6 气体绝缘，并构成以断路器为主体的复合电器（HGIS）；另一种则相反，只有母线、避雷器和电压互感器采用 SF_6 气体绝缘的封闭母线，其他元件均为常规的空气绝缘的敞开式电器（AIS）。

如图 5-16 所示 220kV 双母线接线、断路器水平布置的 GIS 断面图。

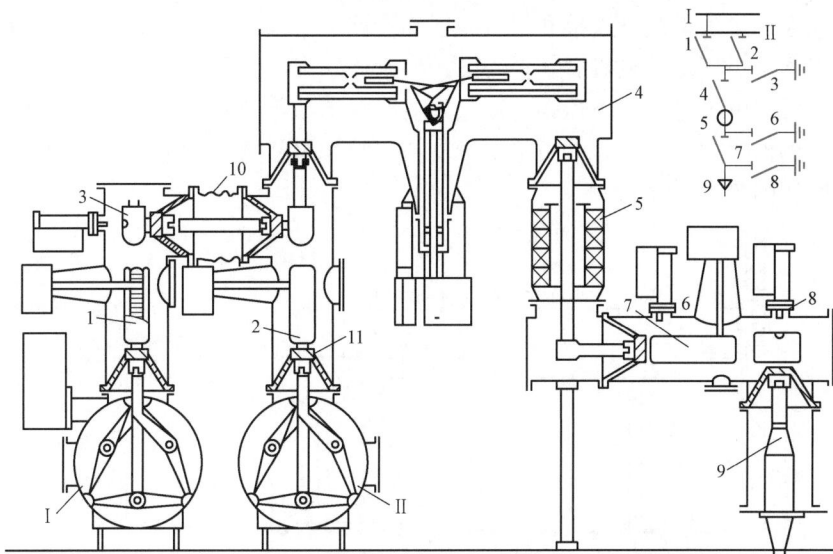

图 5-16　220kV 双母线接线、断路器水平布置的 GIS 断面图

Ⅰ、Ⅱ—主母线；1、2、7—隔离开关；3、6、8—接地开关；

4—断路器；5—电流互感器；9—电缆头；10—伸缩节；11—盆式绝缘子

如图 5-17 所示为 500kV 一台半断路器、HGIS 配电装置。

图 5-17　500kV 一台半断路器、HGIS 配电装置

5.7　发电机与配电装置的连接　C 类考点

发电机与发电机电压配电装置或升压变压器的连接，有电缆连接、敞露母线连接和封闭母线连接 3 种方式。前两种方式也用于发电机电压配电装置与升压变压器的连接。

1. 电缆连接

由于电缆价格昂贵，且电缆头运行可靠性不高，因此，这种连接方式只在机组容量不大（一般在 25MW 以下），且厂房和设备的布置无法采用敞露母线时才予以采用。

2. 敞露母线连接

敞露母线连接包括母线桥连接和组合导线连接两类。前者适用于屋内、外，后者只适用于屋外，均用于中小容量发电机。

（1）母线桥。由于连接导体需架空跨越设备、过道或马路，因此导体需安装在由钢筋混凝土支柱和型钢构成的支架上，并由绝缘子支持，故称母线桥。发电机与主变压器之间的屋外单层母线桥如图 5-18 所示。

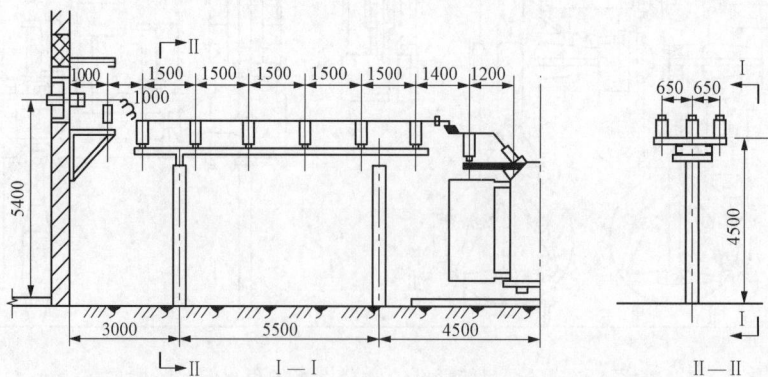

图 5-18　发电机与主变压器之间的屋外单层母线桥

（2）组合导线。组合导线是由多根软绞线固定在套环上组合而成。用悬式绝缘子悬挂在厂房、配电装置室的墙上或独立的门型构架上，便于跨越厂区道路。发电机与屋内配电装置组合导线连接如图 5-19 所示。

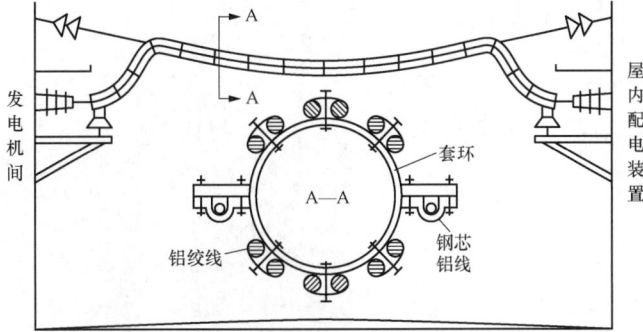

图 5-19　发电机与屋内配电装置组合导线连接

3. 封闭母线连接

（1）钢构发热现象。大电流母线周围空间存在强大的交变磁场，位于其中的钢铁构件，如导体、金具等，将因涡流和磁滞损耗而发热。对于由钢构组成的闭合回路，还可能感应产生环流而发热，危及人身安全和电器的正常工作，人可触及的钢构不超过 70℃、人不可触及的钢构不超过 100℃、钢筋混凝土中钢构不超过 80℃。

（2）改善钢构发热的措施。

1）加大钢构件和导体之间的距离，使磁场强度减弱，因而可降低涡流和磁滞损耗。

2）断开钢构件回路，并加上绝缘垫，消除环流。

3）采用电磁屏蔽。在磁场强度最大的部位套上短路环（铝环或铜环），利用短路环中感应电流的去磁作用以降低导体的磁场；或在导体与钢构件之间安置屏蔽栅，栅中的电流也可使磁场削弱。

4）采用全连离相封闭母线。由于外壳的屏蔽作

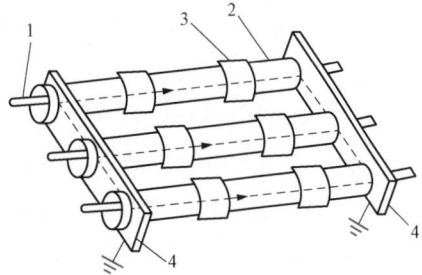

图 5-20　全连式离相封闭母线
1—母线；2—外壳；3—伸缩节；4—短路板

用，可降低母线周围的钢构发热，壳外磁场约减到敞露时的 10％以下，钢构损耗发热极其微小，适用机组容量为 200～1000MW 机组，全连式离相封闭母线如图 5-20 所示，300MW 发电机引出线采用离相封闭母线如图 5-21 所示。

（3）采用离相封闭母线的优点。

1）减少接地故障，避免相间短路。

2）减少母线周围钢构件发热。

3）减少相间短路电动力。

4）母线封闭后，便有可能采用微正压运行方式，防止绝缘子结露，提高运行安全可靠性，也为母线采用通风冷却方式创造了条件。

5）运行维护工作量小、施工安装简便。

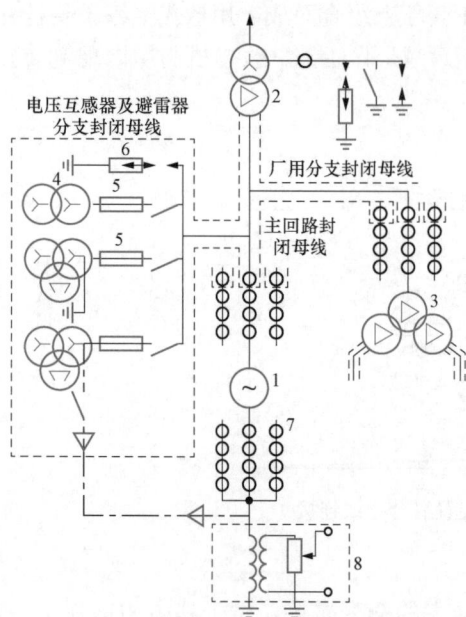

(a) (b)

5-21　300MW 发电机引出线采用离相封闭母线

(a) 主接线图；(b) 封闭母线实际布置图

1—发电机；2—主变压器；3—厂用变压器；4—电压互感器；5—熔断器；6—避雷器；7—电流互感器；8—接地变压器

习题

1. 关于高压配电装置的设计要求描述不正确的是(　　)。

A. 配电装置的主要噪声源是变压器、电抗器和电晕放电

B. 屋外电气设备外绝缘体最低部位距地小于 2.5m 时，应装设固定遮栏

C. 330kV 及以上配电装置内，设备栅栏外的静电感应强度水平不宜超过 5kV/m

D. 配电装置中相邻带电部分的额定电压不同时，应按较高的额定电压确定其安全净距

2. 关于屋外配电装置的描述，不正确的是(　　)。

A. 500kV 电压等级安全净距 C＝A1＋2300＋200（mm）

B. 中型配电装置广泛应用在 110～1000kV 电压等级

C. 根据设备和母线布置高度，可分为中型、半高型和高型配电装置

D. 屋外单个油箱油量超过 1000kg 以上的变压器，应设置储油或挡油设施

3. 关于成套配电装置的描述，不正确的是(　　)。

A. GIS 内 SF_6 气体作为绝缘、冷却和灭弧介质

B. HGIS 与 GIS 区别是母线、电压互感器和避雷器不封闭

C. 成套配电装置分为低压配电屏、高压开关柜和 SF_6 全封闭组合电器

D. 全封闭组合电器占地面积小、可靠性高、维护工作量小、无静电感应和电晕干扰

4. 110～220kV 配电装置不宜采用屋内配电装置或 GIS 配电装置的是(　　)。

A. 海拔高度大于 2000m　　　　　　　　B. Ⅳ级污秽地区

C. 大城市中心地区   D. 土石方开挖工程量大的山区

5. 下列屋外配电装置安全净距不是按照 B1 值校验的（   ）。

A. 栅状遮栏至绝缘体和带电部分之间

B. 设备运输时，其外廓至无遮栏带电部分之间

C. 交叉的不同时停电检修的无遮栏带电部分之间

D. 断路器和隔离开关的断口两侧引线带电部分之间

6. 下列配电装置安全净距是按照 C 值校验的（   ）。

A. 带电部分至接地部分之间

B. 带电部分与建筑物、构筑物边缘

C. 无遮拦裸导体至建筑物、构筑物顶部

D. 带电作业时的带电部分至接地部分之间

7. 某 110/35/10kV 屋外变电站，位于海拔 1000m 以下，主变容量为 31500kVA、接线组别 YNyn0d11，已知 110kV 电压等级 A1＝900mm，下列安全净距不正确的是（   ）。

     A. B1＝1650mm   B. B2＝1000mm

     C. C＝3400mm   D. D＝2700mm

8. 某 500/220/66kV 屋外变电站，位于海拔 2000m，已知海拔 1000m 时，220kV 电压等级 A1＝1800mm，下列安全净距不正确的是（   ）。

     A. A1＝1980mm   B. B1＝2730mm

     C. C＝4280mm   D. D＝3980mm

9. 将所有电气设备都安装在同一水平面内，并安装在一定高度的基础上，母线隔离开关分相布置在母线正下方，这种布置型式为（   ）。

     A. 分相中型布置   B. 普通中型布置

     C. 半高型布置   D. 高型布置

10. 关于离相封闭母线作用的描述错误的是（   ）。

     A. 减少接地故障，避免相间短路   B. 消除钢构发热

     C. 减少相间短路电动力   D. 适用于 1000MW 及以上机组

第6章

变压器的运行分析

6.1　变压器的发热和冷却　B类考点

变压器在运行过程中，其绕组和铁芯的电能损耗（绕组的铜耗和铁芯的铁耗）都转变成热量，使各部分的温度升高，这些热量以传导、对流和辐射的方式向外扩散。油浸式变压器，变压器油除作为绝缘介质外，还作为散热的媒介。

变压器运行时，各部分温度分布极不均匀，油浸自冷式变压器的温度分布如图6-1所示。

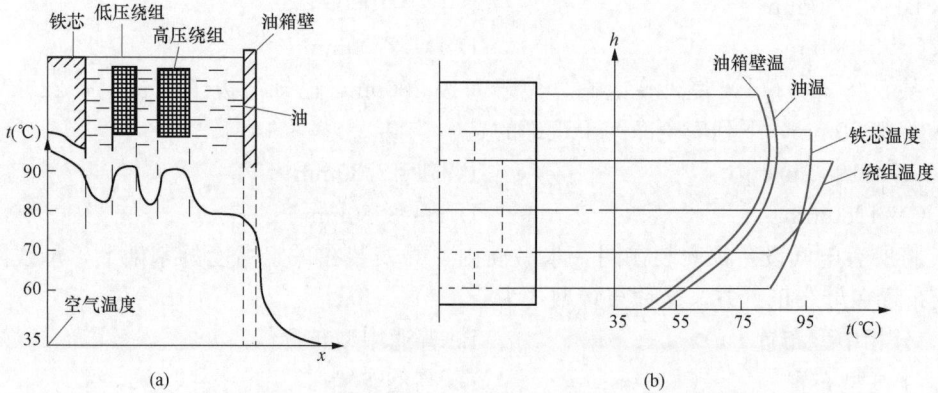

图6-1　油浸自冷式变压器的温度分布
（a）沿变压器横截面的温度分布；（b）沿变压器高度的温度分布

图6-1（a）表明，变压器运行时，沿变压器横截面的温度分布很不均匀。绕组和铁芯内部与它们的表面之间有小的温差，一般只有几度；铁芯、低压绕组、高压绕组的发热只与其本身损耗有关，互不关联，所产生的热量都传给油，绕组和铁芯的表面与油有较大的温差，一般约占它们对空气温升的20%~30%；油箱壁内、外表面间也有2~3℃的温差；油箱壁对空气的温升（温差）最大，约占绕组和铁芯对空气温升的60%~70%。

其散热过程如图6-2所示。

图6-2　散热过程

图6-1（b）表明，变压器各部分沿高度方向的温度分布也是不均匀的。由于油受热后上升，在上升的过程中又不断吸收热量，所以上层油温最高，相应地铁芯、绕组的上部温度较高。绕组上端部的温度最高，最热点在高度方向的70%~75%处，而沿径向则在绕组厚

度（自内径算起）的 1/3 处。

大容量变压器的电能损耗大，单靠箱壁和散热器已不能满足散热要求，所以，需采用强迫油循环风冷、强迫油循环水冷或强迫油循环导向冷却等冷却方式，改善散热效果。

6.2 变压器的绝缘老化 A 类考点

6.2.1 变压器的热老化定律

1. 绝缘老化现象

变压器在长期运行中，其绝缘材料的机械强度和电气强度逐渐衰退的现象，称为绝缘老化。

绝缘老化程度不能只按电气强度来判断，必须考虑机械强度的降低程度，而且主要由机械强度的降低程度来确定。

变压器的绝缘老化，主要是由于温度、湿度、氧气和油中的劣化物的影响，其中高温是促成老化的直接原因。

2. 变压器的寿命

当变压器绝缘的机械强度降低到其初始值的 15%～20%时，变压器的预期寿命即算终止。

（1）预期寿命。绝缘均匀老化到机械强度只有初始值的 15%～20%所经过的时间。对于标准变压器，在额定负荷和额定环境温度下，绕组热点的正常基准温度为 98℃，此时变压器能获得正常预期寿命 20～30 年。

（2）相对预期寿命和老化率。绕组热点维持在任意温度 θ_h 时的预期寿命 Z 与正常预期寿命 Z_N 之比，称为相对预期寿命，用 Z_* 表示，即

$$Z_* = Z/Z_N$$

在相同的时间间隔 T 内，绕组热点维持在任意温度 θ_h 时所损耗的寿命（T/Z）与维持在 98℃时的所损耗的寿命（T/Z_N）之比，称为相对老化率，用 υ 表示，即

$$\upsilon = Z_N/Z$$

$$Z = Z_N/\upsilon = Z_N/2^n$$

变压器绕组的最热点温度维持在 98℃时，变压器能获得正常的使用年限，绕组温度每升高 6℃（n 每增加 1），预期寿命将缩短一半，绕组温度每降低 6℃（n 每减去 1），预期寿命将增加一倍。此即热老化定律（或称绝缘老化的 6℃规则）。

6.2.2 等值老化原则

在一定时间间隔 T（一年、一季或一昼夜等）内，如果部分时间内绕组热点温度低于 98℃，则另一部分时间内允许绕组热点温度高于 98℃，只要变压器在高于 98℃时多损耗的寿命得到低于 98℃时少损耗的寿命的完全补偿，则变压器的预期寿命可以和维持绕组热点温度为 98℃时等值，此即等值老化原则。

变压器运行中如果相对老化率 $\upsilon > 1$，变压器的老化大于正常老化，预期寿命缩短；如果 $\upsilon < 1$，变压器的老化小于正常老化，变压器的负荷能力未得到充分利用。因此，在一定

时间间隔内，维持变压器老化率接近 $\nu=1$，是制定变压器负荷能力的主要依据。

6.3 变压器超过额定容量运行时温度和电流的限值 C类考点

6.3.1 变压器的负荷能力及负载状态分类

1. 变压器的负荷能力

变压器的额定容量 S_N，即铭牌容量，是指在规定的环境温度下，变压器在正常使用年限内（约 20～30 年）所能连续输送的最大容量。

变压器的负荷变化范围很大，不可能固定在额定值运行，在部分时间内可能是欠负荷运行，另一部分时间内可能是过负荷运行，必须规定一个短时容许负荷。

变压器的负荷能力是指变压器在短时间（一般为几小时至十几小时）内所能输送的容量，在一定条件下，它可能超过额定容量。

负荷能力的大小和持续时间受下述条件限制。

(1) 变压器的电流和温度不得超过规定的限值。

(2) 在整个运行期间，变压器的绝缘老化不得超过正常值，以保证变压器能达到正常预期寿命。

2. 变压器负荷状态分类

(1) 正常周期性负荷。在周期性负荷中，某段时间环境温度较高，或超过额定电流，但可以由其他时间内环境温度较低，或低于额定电流所补偿，正常周期性负荷遵循等值老化原则。

(2) 长期急救周期性负荷。由于系统中部分变压器长时间退出运行而引起，使运行的变压器长时间在环境温度较高，或超过额定电流下运行。这种运行方式可能持续几个星期或几个月，将导致变压器的老化加速，在不同程度上缩短变压器的寿命，但不直接危及绝缘的安全。

(3) 短期急救负荷。这种负荷是由于系统中发生了事故，严重地干扰了系统正常负荷的分配，从而使变压器在短时间内大幅度地超额定电流运行，使绕组热点温度可能达到危险的程度，并可能导致绝缘强度暂时下降。因此，这种负荷的持续时间一般应小于 0.5h，其允许值由环境温度及急救前的负荷情况决定。

6.3.2 变压器的负荷超过额定值时的效应

(1) 绕组、线夹、引线、绝缘部分及油的温度将会升高，且有可能达到不允许的程度。

(2) 铁芯外的漏磁通密度将增加，使耦合的金属部分出现涡流，温度增高。

(3) 温度增高，使固体绝缘和油中的水分和气体成分发生变化。

(4) 套管、分接开关、电缆终端头和电流互感器等受到较高的热应力，安全裕度降低。

(5) 导体绝缘机械特性受高温的影响，热老化的累积过程将加快，使变压器的寿命缩短。

1) 配电变压器（2500kVA 及以下），只需考虑热点温度和热老化。

2) 中型电力变压器（不超过 100MVA），漏磁通的影响不是关键性的，必须考虑冷却方式的不同。

3）大型电力变压器（超过 100MVA），漏磁通的影响很大，故障后果很严重。

6.3.3 变压器负荷超过额定容量运行时，电流和温度的限值

不同类型变压器负荷超过铭牌额定值时的温度和电流的限值见表 6-1。

表 6-1　　　　不同类型变压器负荷超过铭牌额定值时的温度和电流的限值

负荷类型		配电变压器	中型电力变压器	大型电力变压器
正常 周期性负荷	负荷电流（标幺值） 热点温度及与绝缘材料接触的金属部件的温度（℃） 顶层油温（℃）	1.5 140 105	1.5 140 105	1.3 120 105
长期急救 周期性负荷	负荷电流（标幺值） 热点温度及与绝缘材料接触的金属部件的温度（℃） 顶层油温（℃）	1.8 150 115	1.5 140 115	1.3 130 115
短时急救 周期性负荷	负荷电流（标幺值） 热点温度及与绝缘材料接触的金属部件的温度（℃） 顶层油温（℃）	2.0 — —	1.8 160 115	1.5 160 115

6.4　变压器正常过负荷与事故过负荷　B类考点

6.4.1　变压器正常过负荷

电力变压器在一部分时间内，小于额定负荷运行，则可在另一部分时间内超过额定负荷运行，即过负荷运行，只要在过负荷期间所多损耗的寿命与在低负荷期间少损耗的寿命相互补偿，仍可获得规定的预期寿命。变压器正常过负荷能力，是以不牺牲变压器正常预期寿命为原则而制定的。

1. 昼夜负荷变动引起的过负荷

变压器在昼夜 0～24h 内，一部分时间内低于额定容量运行，另一部分时间内允许超过额定容量运行，其过负荷倍数与变压器的冷却方式、过负荷前的负载率的大小和过负荷时间的长短有关。过负荷前负荷率越低、过负荷时间越短，则过负荷倍数越高。如图 6-3 所示为变压器正常过负荷曲线图。

自然冷却的变压器最大允许过负荷倍数不超过 1.5 倍，强迫循环冷却的变压器不超过 1.3 倍。

【例 6-1】　一台 10000kVA 的自然油循环风冷变压器，安装于屋外，当地年等值空气温度为 20℃，日负荷曲线中，起始负荷为 6000kVA，求变压器历时 2h 的容许过负荷值。

解：未给出负荷曲线，可认为除 2h 过负荷外，其余 22h 负荷均为 6000kVA，$K_1 = 6000/10000 = 0.6$

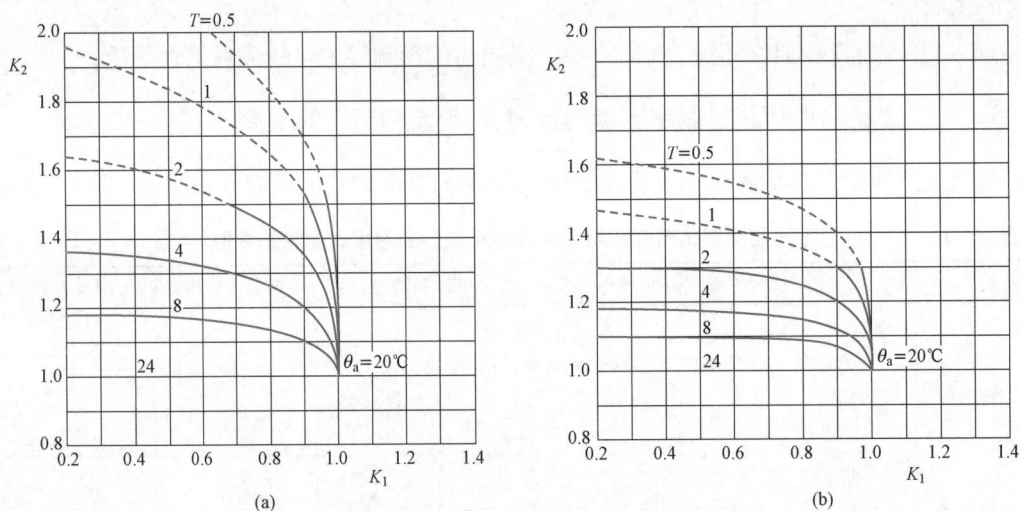

图 6 - 3　变压器正常过负荷曲线图
(a) 自然油循环变压器；(b) 强迫油循环变压器

查图 6 - 3 曲线（a），在 $T=2h$ 的曲线上，对应于 $K_1=0.6$ 查得 $K_2=1.53$。

自然循环冷却变压器过负荷系数不超过 1.5，则容许过负荷为 $S = 1.5 \times 10000 = 15000kVA$。

2. 季节性负荷变动引起的过负荷

遵循百分之一规则：考虑到季节性负荷的差异，若在夏季（6、7、8 月）三个月变压器的最高负荷低于其额定容量时，则每低 1%，允许在冬季（11、12、1、2 月）四个月过负荷1%。但对自然循环油冷、风冷及强迫循环风冷的变压器总过负荷量不能超过 15%，对强迫油循环水冷变压器不能超过 10%。

6.4.2　变压器事故过负荷

在故障或紧急情况下，允许变压器短时运行在事故过负荷状态。为了保证不间断供电，以牺牲变压器寿命为代价，绝缘的老化率比正常高很多。为避免引起事故扩大，事故过负荷时，绕组热点温度不得超过 140℃，负荷电流不应超过额定电流的 2 倍，持续时间一般不超过 2h。

6.5　电力变压器的并列运行　A 类考点

1. 并列运行的优点
(1) 提高供电可靠性，一台退出运行，其他变压器仍可照常供电。
(2) 在低负荷时，部分变压器可不投入运行，减小能量损耗，保证经济运行。
(3) 减小备用容量。
2. 理想并列运行的状态
(1) 各台变压器之间无平衡电流。
(2) 负荷分配与额定容量成正比。
(3) 负载电流的相位一致。

3. 并列运行的条件

笔记

4. 不满足变压器并列运行条件时的运行

（1）变比不同的变压器的并列运行。变比不同的变压器并列运行时，将在二次绕组和一次绕组闭合回路中产生平衡电流。

当变压器带负荷时，平衡电流将叠加在负荷电流上，这时一台变压器（二次电压较高的、变比小的变压器）的负荷加重，另一台变压器（二次电压较低的）的负荷减轻。当增大的负荷已超过其额定负荷，则必须校验其过负荷能力是否在允许范围内。

（2）短路电压不同的变压器并列运行。

1）n 台变压器并列运行容量分配。

$$S_j = \frac{S_\Sigma}{\sum_{i=1}^{n} \frac{S_{Ni}}{u_{*ki}}} \times \frac{S_{Nj}}{u_{*kj}}$$

2）两台变压器并列运行容量分配。

$$S_1 = \frac{S_\Sigma \times S_{N1} \times u_{*k2}}{S_{N1}u_{*k2} + S_{N2}u_{*k1}} \quad \frac{S_1}{S_2} = \frac{S_{N1}u_{*k2}}{S_{N2}u_{*k1}}$$

变压器并列运行时，如果短路阻抗不同，其负荷并不按额定容量成比例分配。负荷分配是与短路阻抗的大小成反比，短路阻抗小的变压器承担的比重大，往往在其他变压器没有达到额定负荷之前，它已经过负荷。长期过负荷是不允许的，在此情形下只能让短路阻抗大的变压器欠负荷运行，这样就限制了总输出功率，能量损耗也增多。

【例6-2】 某变电站三台主变压器 $S_{N1} = 750\text{MVA}$、$u_{k1}\% = 14$，$S_{N2} = S_{N3} = 1000\text{MVA}$、$u_{k2}\% = u_{k3}\% = 16$，若三台主变压器并列运行，负载分布正确的是（　　）。

A. 三台主变压器负荷均匀分布

B. 750MVA 主变压器容量不能充分发挥作用，仅相当于 700MVA

C. 三台主变压器按容量大小分布负荷

D. 1000MVA 主变压器容量不能充分发挥作用，仅相当于 875MVA

解：变压器并联运行时，负荷分配是与短路阻抗的大小成反比，短路阻抗小的变压器承担的比重大，会先满载，即 $S_1 = 750\text{MVA}$，则

$$750 = \frac{S_\Sigma}{\frac{750}{14} + \frac{1000}{16} + \frac{1000}{16}} \times \frac{750}{14}$$

$$S_\Sigma = 2500\text{MVA}$$

$$S_2 = S_3 = \frac{1}{2}(2500 - 750) = 875\text{MVA}$$

【例 6-3】　某变电站安装两台主变压器，$S_{N1}=750MVA$、$u_{k1}\%=14$，$S_{N2}=1000MVA$、$u_{k2}\%=16$，若两台主变压器并列运行，当总负荷为 1300MVA 时，负荷分布正确的是（　　）。

A. 两台主变压器负荷均为 650MVA

B. 两台变压器按容量大小成正比分配负荷

C. 1000MVA 主变压器满载，750MVA 主变压器负荷为 300MVA

D. 750MVA 主变压器负荷为 600MVA，1000MVA 主变压器负荷为 700MVA

解：变压器并联运行时，负荷分配是与短路阻抗的大小成反比，短路阻抗小的变压器承担的比重大。

$$S_1 + S_2 = 1300MVA$$

$$\frac{S_1}{S_2} = \frac{S_{N1}u_{*k2}}{S_{N2}u_{*k1}} = \frac{750 \times 0.16}{1000 \times 0.14} = \frac{6}{7}$$

$$S_1 = 600MVA, S_2 = 700MVA$$

（3）绕组联结组号不同的变压器并列运行。绕组联结组号不同的变压器并列运行时，同名相电压间的位移角等于联结组号 N 之差乘以 30。

$$\varphi = (N_1 - N_2) \times 30°$$

并列运行的变压器容量相同，短路电压相同，只有接线组别不同，则变压器的平衡电流为

$$I_{b1} = \frac{\sin\dfrac{\varphi}{2}}{u_{*k}}I_N$$

如果需要将绕组联结组号不同的变压器并列运行时，应根据联结组号差异的不同，采用将各相易名、始端与末端对换等方法将变压器的连接化为同一联结组号，才能并列运行。

习题

1. 变压器铁芯和绕组外表面热量散失到油中的方式为（　　）。

A. 传导　　　　　　B. 对流　　　　　　C. 辐射　　　　　　D. 扩散

2. 变压器运行时温度最高的是（　　）。

A. 铁芯　　　　　　B. 绕组　　　　　　C. 上层油　　　　　　D. 油箱内壁

3. 判别变压器绝缘老化程度主要由绝缘材料的哪项性能降低的程度来确定？（　　）

A. 电气强度　　　　B. 机械强度　　　　C. 油的绝缘强度　　D. 耐压强度

4. 对于标准变压器，在额定负荷和正常环境温度下，热点温度的正常基准值为（　　）。

A. 65℃　　　　　　B. 98℃　　　　　　C. 105℃　　　　　　D. 140℃

5. 如果变压器的相对老化率 $v>1$，说明（　　）。

A. 预期寿命缩短　　　　　　　　　　B. 预期寿命不变

C. 预期寿命延长　　　　　　　　　　D. 负荷能力未得到充分利用

6. 变压器正常周期性负荷变动引起过负荷，其过负荷倍数与下列哪项因素无关？（　　）

A. 冷却方式　　　　B. 负载率　　　　　C. 过负荷时间　　　　D. 额定容量

7. 对变比不同的变压器并列运行时所产生的现象的描述，错误的是（　　）。

A. 降压变压器变比小的会过负荷

B. 将在一次绕组闭合回路中产生平衡电流

C. 将在二次绕组闭合回路中产生平衡电流

D. 降压变压器高压侧电压相同时，低压侧电压高的会轻载

8. 变压器并列运行时，额定短路电压相差不得大于（   ）。

A. ±0.5%   B. ±5%   C. ±1%   D. ±10%

9. 对短路电压不同的变压器并列运行的描述，错误的是（   ）。

A. 容量大的变压器会先满载

B. 负荷不按额定容量成比例分配

C. 负荷分配与短路电压大小成反比

D. 短路电压小的变压器承担的负荷比重大

10. 关于变压器并列运行描述错误的是（   ）。

A. 绕组联结组号相同

B. 变压比偏差不得超过±0.5%

C. 理想并列运行的状态是各台变压器之间无平衡电流

D. 短路电压不同的变压器并列运行，负荷分配与额定容量成正比

第7章

多绕组变压器、自耦变压器

7.1 多绕组变压器 A类考点

1. 三绕组变压器应用

（1）在发电厂内，除发电机电压外，有两种升高电压与系统连接或向用户供电。

（2）在具有三种电压的降压变电站中，需要由高压向中压和低压供电，或高压和中压向低压供电。

（3）在枢纽变电站中，两种不同电压等级的系统需要相互连接。

（4）在星形—星形连接的变压器中，需要一个三角形连接的第三绕组。

2. 三绕组变压器的运行特点

（1）运行方式和容量匹配。三绕组变压器运行方式包括高压—中压，高压—低压，高压同时向中、低压送电（或反之）等。根据运行要求，三个绕组的容量可以相等，也可以不相等。按我国标准，三绕组变压器高—中—低压绕组额定容量的百分比有 100%/100%/100%、100%/100%/50% 和 100%/50%/100%，运行时一个绕组的负荷等于其他两个绕组负荷的相量和，但不得超过各自绕组的额定容量。

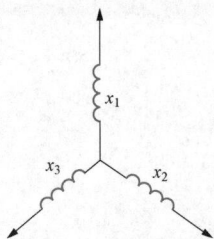

图 7-1 三绕组变压器
等值电路图

（2）漏抗和等值电路。三个绕组变压器每个绕组存在自感和与其他绕组之间的互感。三绕组变压器等值电路图如图 7-1 所示，任一个绕组的电路的电压方程式中包括本身绕组的自感电动势和与其他绕组之间的互感电动势，三个绕组的电路是彼此关联的，运行时一个绕组负荷电流的变化，将会影响另外绕组的电压，同时一个绕组的迟后电流在某些情况下，还可能引起另一个或几个绕组电压升高。

（3）升压型和降压型结构。三绕组变压器通常采用同心式绕组，绕组的排列在制造上有升压型和降压型两种组合方式。高压绕组总是排列在最外层，升压型的排列为铁芯—中压绕组—低压绕组—高压绕组，高压绕组—中压绕组之间的阻抗最大；降压型的排列为铁芯—低压绕组—中压绕组—高压绕组，高压绕组—低压绕组之间的阻抗最大。

降压型变压器中的无功损耗约为升压型的 160%～170%。因此升压型通常应用在低压向高压送电（或反之）为主的场合，降压型一般用在高压向中压供电为主、低压供电为辅的场合。

3. 第三绕组

在星形—星形连接的变压器中通常装有三角形第三绕组。

（1）减小3次谐波电压分量。在星形—星形连接变压器中产生3次谐波电压。由于绕组连接成星形—星形，3次谐波电流无法流通，励磁电流是正弦波形，铁芯饱和将使主磁通呈平顶波形，感应电动势将呈现尖顶波形。尖顶波形的电动势含有较大的 3 次谐波电动势。这个 3 次谐波电动势使相电压波形的峰值增大，变压器中绝缘的电场强度因而增大，严重危害绝缘。

3 次谐波电压还会促使中性点电压位移；在中性点接地系统中，3 次谐波电压分量还可能对附近的通信线路产生电磁干扰。

变压器有三角形第三绕组后，三角形绕组将感应一个 3 次谐波环流，3 次谐波电压将被抑制掉。

（2）允许对不平衡的三相负荷供电。三相不平衡负荷可分解为一个平衡的三相负荷与一个单相负荷或两个单相负荷。当星形—星形连接变压器中，一相与中性点之间接有单相不平衡负荷时，二次侧只有一相流过单相负荷电流，其他两相无电流。一次侧则不同，除一相流过相应的单相负荷电流外，其他两相流过从负荷相流过来的返回负荷电流，由于这两相二次侧没有电流，对这两相而言，一次负荷电流起励磁电流作用。因此，当负荷相电压降低时，这两相的电压将明显增高，从而造成变压器中性点电压严重位移，Yy 连接变压器单相不平衡负荷电流分布如图 7 - 2 所示。

如果变压器有三角形第三绕组，与不平衡二次侧相对应的一次侧电流，将被在三角形中流过的负荷电流所平衡，这样便不至于产生不正常的电压降，允许给不平衡的三相负荷供电，Yyd 连接变压器单相不平衡负荷电流分布如图 7 - 3 所示。

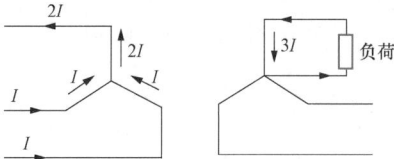

图 7 - 2 Yy 连接变压器单相不平衡负荷电流分布 图 7 - 3 Yyd 连接变压器单相不平衡负荷电流分布

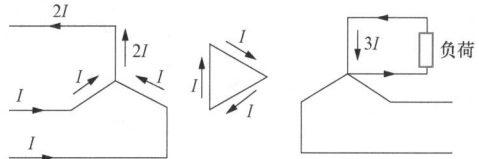

（3）除主负荷外，给辅助负荷供电。第三绕组通常为 6～35kV，可用来对附近地区供电，或用来连接发电机、调相机等无功补偿装置。

7.2 自耦变压器特点 A 类考点

自耦变压器是一种多绕组变压器，其特点是其中两个绕组除有电磁联系外，在电路上也有联系。

当用来联系两种电压的网络时，一部分传输功率可以利用电磁联系，另一部分可利用电的联系。

电磁传输功率的大小决定变压器尺寸、质量、铁芯截面和损耗，所以与同容量、同电压等级的普通变压器比较，自耦变压器的经济效益非常显著。

由于自耦变压器的结构简单、经济，在 110kV 及以上中性点直接接地系统中，应用非常广泛，用自耦变压器代替普通变压器已成为发展趋势。

1. 自耦变压器优点

（1）消耗材料少，造价低。

（2）有功和无功损耗少，效率高。

（3）由于高中压线圈自耦联系，阻抗小，对改善系统稳定性有一定作用。

（4）扩大变压器极限制造容量，便于运输和安装。

2. 自耦变压器的缺点

（1）由于一、二次绕组之间有电的联系，致使较高的电压易于传递到低压电路，所以低压电路的绝缘必须按较高电压设计。

（2）由于一、二次绕组之间有电的联系，每相绕组有一部分又是共有的，所以一、二次绕组之间的漏磁场较小，电抗较小，短路电流和它的效应就比普通双绕组变压器要大。

（3）一、二次侧的三相连接方式必须相同，即星形—星形或三角形—三角形。

（4）由于运行方式多样化，引起继电保护整定困难。

（5）在有分接头调压的情况下，很难取得绕组间的电磁平衡，有时造成轴向作用力的增加。

3. 自耦变压器应用

（1）单机容量 125MW 及以下，且两级升高电压均为直接接地系统，其送电方向主要由低压向高、中压侧，或从低压和中压侧送向高压侧，而无高压和低压同时向中压送电。

（2）单机容量 200MW 及以上时，用来作高压和中压系统之间联络用变压器。

（3）在 220kV 及以上变电站中，宜优先选用自耦变压器。

4. 自耦变压器的传导容量、标准容量和额定容量

如图 7 - 4 所示为单相自耦变压器原理图，可知

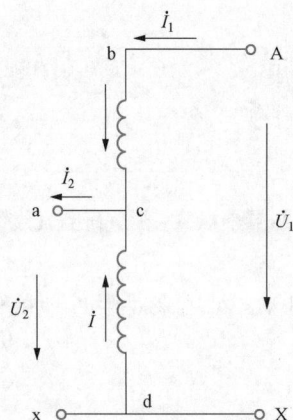

图 7 - 4　单相自耦变压器原理图

$$\frac{\dot{U}_1}{\dot{U}_2} = \frac{\dot{I}_2}{\dot{I}_1} = \frac{N_1}{N_2} = k_{12}$$

$$\dot{I}_2 = \dot{I}_1 + \dot{I}, \dot{I}_1 = \frac{\dot{I}_2}{k_{12}}$$

$$\frac{\dot{I}}{\dot{I}_2} = \frac{\dot{I}_2 - \dot{I}_1}{\dot{I}_2} = 1 - \frac{1}{k_{12}}$$

$$\dot{U}_1 \dot{I}_1 = \dot{U}_2 \dot{I}_2 = \dot{U}_2(\dot{I}_1 + \dot{I}) = \dot{U}_2 \dot{I}_1 + \dot{U}_2 \dot{I}$$

$$= \frac{\dot{U}_2 \dot{I}_2}{k_{12}} + \dot{U}_2 \dot{I}_2\left(1 - \frac{1}{k_{12}}\right)$$

$\dfrac{\dot{U}_2 \dot{I}_2}{k_{12}} = \dot{U}_2 \dot{I}_1$，通过串联绕组由电路直接传输到二次侧的功率（电路容量），称为传导容量。

$\dot{U}_2 \dot{I}_2\left(1 - \dfrac{1}{k_{12}}\right) = \dot{U}_2 \dot{I}$，通过公共绕组由电磁联系传输到二次侧功率，称为标准容量或等值容量。

串联绕组的额定容量为 $S_{串} = (\dot{U}_1 - \dot{U}_2)\dot{I}_1 = (k_{12}\dot{U}_2 - \dot{U}_2)\dfrac{\dot{I}_2}{k_{12}} = (k_{12} - 1)\dfrac{\dot{U}_2 \dot{I}_2}{k_{12}} = \dot{U}_2 \dot{I}_2\left(1 - \dfrac{1}{k_{12}}\right)$

可知，串联绕组的额定容量等于公共绕组的额定容量。

$S_N = \dot{U}_1 \dot{I}_1 = \dot{U}_2 \dot{I}_2$ 称为自耦变压器的通过容量，即额定容量。

5. 自耦变压器的效益系数

标准容量和通过容量关系

$$\dot{U}_2\dot{I} = \dot{U}_2\dot{I}_2\left(1-\frac{1}{k_{12}}\right) = \dot{U}_2\dot{I}_2k_b$$

$$k_b = 1 - \frac{1}{k_{12}}$$

k_b 效益系数，永远小于 1，k_{12} 越小，k_b 就越小，说明自耦变压器与用完全相同材料制成的普通变压器相比，通过容量显得越大，经济效益越大。

效益系数 k_b 是表示自耦变压器特点的重要系数。当 U_{1N} 与 U_{2N} 相差不大时，k_{12} 越小，k_b 越小，在一定通过容量的条件下，自耦变压器的标准容量越小，损耗和短路阻抗越小，经济效益就越大。

自耦变压器常用来联系高、中压侧电压相差不大的电力系统。一般自耦变压器都应用在变压比为 3：1 范围内。目前，国内外实际应用的自耦变压器，其 $k_{12} \leqslant 3$，即 $k_b \leqslant 2/3 = 0.67$。如用于 220/110kV、330/110kV、330/220kV、500/220kV、500/330kV 等系统。

【例 7-1】一台 330/220/11kV、240MVA 自耦变压器，其电磁容量为（　　）。

解：$S_{CN} = k_b S_N = \left(1-\frac{1}{k_{12}}\right)S_N = \left(1-\frac{220}{330}\right) \times 240 = 80MVA$

若为 330/110/11kV、240MVA 自耦变压器，其电磁容量则为 160MVA，说明 330/220/11kV 变压器比 330/110/11kV 经济效益显著。

6. 自耦变压器的第三绕组

（1）第三绕组的作用。

1）消除 3 次谐波。

2）自耦变压器一、二次中性点直接接地，可减小自耦变压器的零序阻抗。

3）可用来对附近地区供电或用来连接发电机或调相机等。

（2）第三绕组的容量。

1）仅用来补偿 3 次谐波电流，一般为标准容量的 1/3 左右。

2）用来连接发电机或调相机，第三绕组容量应该等于其标准容量，但不得大于标准容量。

（3）第三绕组在铁芯中排列。

1）降压型自耦变压器，主要功率是从高压侧流向中压侧，所以第三绕组应与公共绕组并联靠近串联绕组，这样可使高中压侧短路阻抗最小。

2）升压型自耦变压器，功率是由低压侧流向高压和中压侧，所以第三绕组应排列在串联绕组和公共绕组中间，以便得到最小的短路阻抗。

自耦变压器中有了第三绕组，它的尺寸、质量、消耗材料和价格都有所增加，三绕组自耦变压器仍较电压、变压比和容量相同的普通三绕组变压器或普通双绕组变压器便宜，价格一般只有后者的 65%～75%。

7. 自耦变压器的过电压

（1）产生过电压原因。自耦变压器高压侧和中压侧之间具有电气连接，当一个电压等级电网出现过电压，就可能向另一个电压等级电网转移。例如，高压侧发生过电压时，它可通过串联绕组进入公共绕组，使其绝缘受到危害；如果在中压侧出现过电压时，它同样进入串联绕组，可能产生很高的感应过电压。

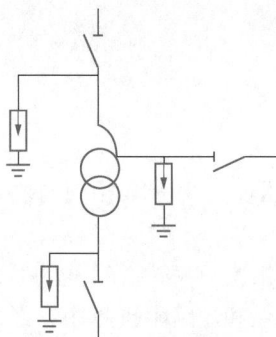

图 7 - 5　自耦变压器
过电压保护

（2）防御措施。自耦变压器中压侧或高压侧的出口端都必须装设避雷器保护。如果低压侧有开路运行的可能性，为防止静电感应过电压，也需装设避雷器，避雷器必须装设在自耦变压器和最靠近的隔离开关之间，以便当自耦变压器断开时避雷器仍然保持连接状态，自耦变压器过电压保护如图 7 - 5 所示。避雷器回路中不应装设隔离开关，因为不允许自耦变压器不带避雷器运行。

（3）中性点接地方式。自耦变压器的中性点必须直接接地，或者经过小电抗接地，以防当自耦变压器高压侧发生单相接地时，在中压绕组其他两相出现过电压。如果中性点不接地，当高压侧发生单相接地时，中压侧其他两相绕组的相电压变为 $U=$ $U_{2N}\sqrt{k_{12}^2+k_{12}+1}$，过电压倍数与变比有关，$k_{12}$ 越大，过电压倍数越高，例如 220/110kV 自耦变压器过电压倍数为 $\sqrt{7}$，330/110kV 自耦变压器则达 $\sqrt{13}$。自耦变压器只能用在高、中压侧均为中性点直接接地的系统中。

7.3　自耦变压器的运行方式　A 类考点

自耦变压器运行方式：联合运行方式、纯自耦运行方式和纯变压运行方式。
（1）联合运行方式是指在高—中、高—低及中—低压侧之间均有功率交换。
（2）纯自耦运行方式是指只在高—中压侧之间有功率交换。
（3）纯变压运行方式是指只在高—低或中—低压侧之间有功率交换。
设计选择自耦变压器时，必须知道各个绕组上的负荷，尤其要知道绕组上的最大负荷；在运行时，也必须知道绕组间的负荷分布，以便确定该种运行方式是否容许。

7.3.1　联合运行方式

1. 联合运行方式一
高压侧同时向中、低压侧或相反，联合运行方式一如图 7 - 6（a）所示。

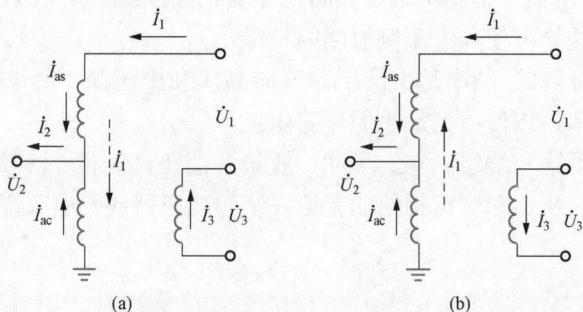

图 7 - 6　三绕组自耦变压器联合运行方式时绕组上电流分布
（a）联合运行方式一；（b）联合运行方式二

假定串联绕组和公共绕组中通过自耦方式的电流是 $\dot{I}_{as}$ 和 $\dot{I}_{ac}$（方向相反），通过变压方式的电流是 $\dot{I}_t$。

在此运行方式下

串联绕组中的电流为

$$\dot{I}_s = \dot{I}_{as} + \dot{I}_t$$

公共绕组中的电流为

$$\dot{I}_c = \dot{I}_{ac} - \dot{I}_t$$

串联绕组中通过的功率为

$$\dot{S}_s = k_b(\dot{S}_2 + \dot{S}_3)$$
$$= k_b\sqrt{(P_2 + P_3)^2 + (Q_2 + Q_3)^2}$$

当中、低压侧功率因数相同时

$$S_s = k_b(S_2 + S_3)$$

公共绕组中通过的功率为

$$\dot{S}_c = k_b(\dot{S}_2 + \dot{S}_3) - \dot{S}_3 = \sqrt{\left(k_b P_2 - \frac{U_2}{U_1}P_3\right)^2 + \left(k_b Q_2 - \frac{U_2}{U_1}Q_3\right)^2}$$

当中、低压侧功率因数相同时

$$S_c = k_b(S_2 + S_3) - S_3$$

可见 $S_s > S_c$，此运行方式下，最大传输功率受到串联绕组容量的限制。

【例 7-2】 某发电厂中发电机—变压器单元接线的升压变压器为三相三绕组自耦变压器，额定电压 242/121/10.5kV，额定容量 200/200/100MVA，当发电机和 110kV 系统各向 220kV 系统输送 100MVA 功率时，串联绕组、公共绕组及低压绕组的负荷分布。

解：效益系数 $k_b = 1 - \dfrac{1}{k_{12}} = 1 - \dfrac{121}{242} = 0.5$

串联绕组、公共绕组的额定容量为 $S_{SN} = S_{CN} = S_N\left(1 - \dfrac{1}{k_{12}}\right) = S_N k_b = 200 \times 0.5 = 100$MVA

串联绕组中通过的功率为 $S_s = k_b(S_2 + S_3) = 0.5(100 + 100) = 100$MVA

公共绕组中通过的功率为 $S_c = k_b(S_2 + S_3) - S_3 = 0.5(100 + 100) - 100 = 0$MVA

低压绕组中通过的功率为 $S_t = S_3 = 100$MVA

此时，公共绕组无负荷；串联、低压绕组均满负荷。

2. 联合运行方式二

中压侧同时向高、低压侧或相反，联合运行方式二如图 7-6（b）所示。

假定串联绕组和公共绕组中通过自耦方式的电流是 $\dot{I}_{as}$ 和 $\dot{I}_{ac}$（方向相反），通过变压方式的电流是 $\dot{I}_t$。

在此运行方式下

串联绕组中的电流为

$$\dot{I}_s = \dot{I}_{as} - \dot{I}_t$$

公共绕组中的电流为

$$\dot{I}_{\mathrm{c}} = \dot{I}_{\mathrm{ac}} + \dot{I}_{t}$$

串联绕组中通过的功率为

$$\dot{S}_{\mathrm{s}} = k_{\mathrm{b}}\dot{S}_{1}$$

公共绕组中通过的功率为

$$\dot{S}_{\mathrm{c}} = k_{\mathrm{b}}\dot{S}_{1} + \dot{S}_{3} = \sqrt{(k_{\mathrm{b}}P_{1} + P_{3})^{2} + (k_{\mathrm{b}}Q_{1} + Q_{3})^{2}}$$

当中、低压侧功率因数相同时

$$S_{\mathrm{c}} = k_{\mathrm{b}}S_{1} + S_{3}$$

可见 $S_{\mathrm{c}} > S_{\mathrm{s}}$，此运行方式下，最大传输功率受到公共绕组容量的限制。

【例 7 - 3】 某发电厂中发电机—变压器单元接线的升压变压器为三相三绕组自耦变压器，额定电压 242/121/10.5kV，额定容量 200/200/100MVA，当发电机和 220kV 系统各向 110kV 系统输送 100MVA 功率时，串联绕组、公共绕组及低压绕组的负荷分布。

解：效益系数 $k_{\mathrm{b}} = 1 - \dfrac{1}{k_{12}} = 1 - \dfrac{121}{242} = 0.5$

串联绕组、公共绕组额定容量为 $S_{\mathrm{SN}} = S_{\mathrm{CN}} = S_{\mathrm{N}}\left(1 - \dfrac{1}{k_{12}}\right) = S_{\mathrm{N}}k_{\mathrm{b}} = 200 \times 0.5 = 100\mathrm{MVA}$

串联绕组中通过的功率为 $\dot{S}_{\mathrm{s}} = k_{\mathrm{b}}\dot{S}_{1} = 0.5 \times 100 = 50\mathrm{MVA}$

公共绕组中通过的功率为 $S_{\mathrm{c}} = k_{\mathrm{b}}S_{1} + S_{3} = 0.5 \times 100 + 100 = 150\mathrm{MVA}$

低压绕组中通过的功率为 $S_{t} = S_{3} = 100\mathrm{MVA}$

此时，串联绕组只带 50% 负荷；公共绕组过负荷 150%；低压绕组满负荷。

当低压侧向中压侧的传输功率达到自耦变压器的标准容量 $S_{t} = S_{3} = k_{\mathrm{b}}S_{\mathrm{N}}$，即 S_{c} 容许最大值时，高压侧不能再向中压侧传输任何功率。即用变压方式传输功率达到标准容量时，就不允许用自耦方式传输功率，否则公共绕组就要过负荷。如果变压方式传输功率小于标准容量，则允许以自耦方式传输一部分功率。这一部分以自耦方式传输的功率，可能大于标准容量与变压方式传输功率之差。

【例 7 - 4】 某 220/110/10kV 变电站，变压器额定容量为 120MVA，额定容量比为 100/100/50，当低压侧 10kV 向中压侧传输 40MVA 时，则高压侧 220kV 尚能向 110kV 传送（   ）。

A. 80MVA   B. 60MVA   C. 40MVA   D. 20MVA

解：效益系数 $k_{\mathrm{b}} = 1 - \dfrac{1}{k_{12}} = 1 - \dfrac{110}{220} = 0.5$

串联绕组、公共绕组的额定容量为 $S_{\mathrm{SN}} = S_{\mathrm{CN}} = S_{\mathrm{N}}\left(1 - \dfrac{1}{k_{12}}\right) = S_{\mathrm{N}}k_{\mathrm{b}} = 120 \times 0.5 = 60\mathrm{MVA}$

属于联合运行方式二，最大传输功率受到公共绕组容量的限制

$S_{\mathrm{c}} = k_{\mathrm{b}}S_{1} + S_{3}$，当公共绕组通过的功率 S_{c} 达到最大，即额定值 S_{CN} 时，高压给中压输送功率最大。

即取 $S_{\mathrm{c}} = S_{\mathrm{CN}} = 60\mathrm{MVA}$，则有 $60 = 0.5S_{1} + 40$，$S_{1} = 40\mathrm{MVA}$

当低压侧 10kV 向中压侧传输 60MVA 时，达到公共绕组额定容量时，则高压侧 220kV 能向 110kV 传送 0MVA。

7.3.2 纯自耦运行方式

高压向中压（或中压向高压）送电，属联合运行方式一、二的特例。

$S_3=0$，$S_s=S_c=k_b S_1=k_b S_2$，$S_1=S_2$ 若采用降压型结构，由于其绕组布置由外至里为"高、中、低"，即高、中压绕组靠近，其最大传输功率等于自耦变压器的额定容量；若采用升压型结构，由于其绕组布置由外至里为"高、低、中"，即高、中压绕组被低压绕组隔开，漏磁引起的附加损耗较大，其传输功率约为额定容量的 70%～80%。

【例 7-5】 某发电厂中发电机—变压器单元接线的升压变压器为三相三绕组自耦变压器，额定电压 242/121/10.5kV，额定容量 200/200/100MVA，当 220kV 给 110kV 系统输送 100MVA 功率时，串联绕组、公共绕组及低压绕组的负荷分布。

解：效益系数 $k_b=1-\dfrac{1}{k_{12}}=1-\dfrac{121}{242}=0.5$

串联绕组中通过的功率为 $\dot{S}_s=k_b \dot{S}_1=0.5\times100=50\mathrm{MVA}$

公共绕组中通过的功率为 $S_c=k_b S_1+S_3=0.5\times100+0=50\mathrm{MVA}$

低压绕组中通过的功率为 $S_t=S_3=0\mathrm{MVA}$

此时，串联绕组、公共绕组各带 50%负荷；低压绕组无负荷。

7.3.3 纯变压运行方式

1. 高压侧向低压侧（或低压侧向高压侧）送电

属联合运行方式一的特例。

$S_3=S_1$，$S_2=0$，$S_s=k_b（S_2+S_3）=k_b S_3$，$S_c=k_b S_3-S_3$，相当于一台由高压绕组和第三绕组组成的普通双绕组变压器，最大传输功率不能超过第三绕组的额定容量。

【例 7-6】 某发电厂中发电机—变压器单元接线的升压变压器为三相三绕组自耦变压器，额定电压 242/121/10.5kV，额定容量 200/200/100MVA，当发电机给 220kV 系统输送 100MVA 功率时，串联绕组、公共绕组及低压绕组的负荷分布。

解：效益系数 $k_b=1-\dfrac{1}{k_{12}}=1-\dfrac{121}{242}=0.5$

串联绕组中通过的功率为 $S_s=k_b（S_2+S_3）=0.5(0+100)=50\mathrm{MVA}$

公共绕组中通过的功率为 $S_c=k_b（S_2+S_3）-S_3=0.5(0+100)-100=-50\mathrm{MVA}$

低压绕组中通过的功率为 $S_t=S_3=100\mathrm{MVA}$

此时，串联绕组、公共绕组各带 50%负荷；低压绕组满负荷。

2. 中压侧向低压侧（或低压侧向中压侧）送电

属联合运行方式二的特例。

$S_3=S_2$，$S_1=0$，$S_s=k_b S_1=0$，$S_c=k_b S_1+S_3=S_3$，相当于一台由公共绕组和第三绕组组成的普通双绕组变压器，最大传输功率不能超过第三绕组的额定容量。

【题 7-7】 某发电厂中发电机—变压器单元接线的升压变压器为三相三绕组自耦变压器，额定电压 242/121/10.5kV，额定容量 200/200/100MVA，当发电机给 110kV 系统输送 100MVA 功率时，串联绕组、公共绕组及低压绕组的负荷分布。

解：效益系数 $k_b=1-\dfrac{1}{k_{12}}=1-\dfrac{121}{242}=0.5$

串联绕组中通过的功率为 $\dot{S}_s=k_b\dot{S}_1=0.5\times0=0\text{MVA}$

公共绕组中通过的功率为 $S_c=k_bS_1+S_3=0.5\times0+100=100\text{MVA}$

低压绕组中通过的功率为 $S_t=S_3=100\text{MVA}$

此时，串联绕组负荷为 0；公共绕组、低压绕组满负荷。

习题

1. 关于三绕组变压器的描述错误的是（　　）。

A. 适用的 125MW 及以下发电机组

B. 升压型三绕组变压器低压绕组靠近铁芯

C. 每侧传输功率应达到额定容量的 15% 以上

D. 在发电厂内，除发电机电压外，有两种升高电压与系统连接可采用三绕组变压器

2. 关于三绕组变压器的描述错误的是（　　）。

A. 降压型变压器中的无功损耗约为升压型的 160%～170%

B. 运行时一个绕组的负荷等于其他两个绕组负荷的相量和

C. 降压型三绕组变压器高压绕组与低压绕组之间的阻抗最大

D. 降压型三绕组变压器一般用在高压和中压向低压供电为主的场合

3. 不属于星形—星形连接变压器三角形第三绕组作用的是（　　）。

A. 减小 3 次谐波电压分量 　　　　　　B. 可用来对附近地区供电

C. 增大零序阻抗，限制单相短路电流 　　D. 允许对不平衡的三相负荷供电

4. 不属于自耦变压器优点的是（　　）。

A. 造价低 　　　　　　　　　　　　　B. 效率高

C. 消耗材料少 　　　　　　　　　　　D. 继电保护简单

5. 关于自耦变压器描述不正确的是（　　）。

A. 自耦变压器电传功率不大于磁传功率

B. 自耦变压器效益系数越小，经济性越好

C. 自耦变压器串联组和公共绕组额定容量相同

D. 三绕组自耦变压器每侧传输功率应达到变压器额定容量的 15% 以上

6. 关于自耦变压器的表述错误的是（　　）。

A. 自耦变压器一般应用在变比为 3∶1 范围以内

B. 在 220kV 及以上变电站中，宜优先选用自耦变压器

C. 单机容量 200MW 及以上时，用来作高压和中压系统之间联络用变压器

D. 自耦变压器由高压向中低压侧供电，最大传输功率受到公共绕组容量限制

7. 自耦变压器中性点接地方式正确的是（　　）。

A. 中性点不接地 　　　　　　　　　　B. 中性点经隔离开关接地

C. 中性点直接接地 　　　　　　　　　D. 中性点经消弧线圈接地

8. 下列电压等级不宜采用自耦变压器的是（　　）。

A. 500/220kV 　　　　　　　　　　　B. 220/66kV

C. 330/110kV 　　　　　　　　　　　D. 750/330kV

9. 一台 220/110/35kV 自耦变压器，额定容量为 240MVA，当高压侧给中压侧供电负

荷为 60MVA 时，高压侧尚能给低压侧供电为（　　）。

    A. 240MVA   B. 180MVA

    C. 120MVA   D. 60MVA

    10. 一台 330/220/35kV 自耦变压器，额定容量为 240MVA，当低压侧给中压侧供电负荷为 60MVA 时，高压侧尚能给中压侧供电为（　　）。

    A. 140MVA   B. 80MVA

    C. 60MVA   D. 40MVA

参 考 文 献

[1] 苗世洪，朱永利．发电厂电气部分［M］．5版．北京：中国电力出版社，2015.

[2] 姚春球．发电厂电气部分［M］．北京：中国电力出版社，1990.

[3] 范锡普．发电厂电气部分［M］．2版．北京：中国电力出版社，1995.

[4] 华中工学院．发电厂电气部分［M］．北京：电力工业出版社，1980.

[5] 翟东群，等．发电厂变电所电气部分的计算和接线［M］．北京：水利电力出版社，1987.

[6] 君克宁．电力工程［M］．北京：水利电力出版社，1987.

[7] 水利电力部西北电力设计院．电力工程电气设计手册：电气一次部分［M］．北京：水利电力出版社，1989.

[8] 能源部西北电力设计院．电力工程电气设计手册：电气二次部分［M］．北京：中国电力出版社，1991.

[9] 涂光瑜．汽轮发电机及电气设备［M］．北京：中国电力出版社，1998.

[10] 李润先．中压电网系统接地实用技术［M］．北京：中国电力出版社，2002.

[11] 牟思浦．电气二次回路接线及施工［M］．北京：中国电力出版社，1999.

[12] 电力工业部西北电力设计院．电力工程电气设备手册：电气一次部分［M］．北京：中国电力出版社，1998.

[13] 中国电力企业联合会标准化中心．火力发电厂技术标准汇编：第十一卷，设计标准［M］．北京：中国电力出版社，2002.

[14] 国家经济贸易委员会电力司，中国电力企业联合会标准化中心．电力技术标准汇编［M］．北京：中国电力出版社，2002.

[15] 楼樟达，李扬．发电厂电气设备［M］．北京：中国电力出版社，1998.

[16] 熊信银，张步涵．电气工程基础［M］．武汉：华中科技大学出版社，2005.

[17] 熊银信，唐巍．电气工程概论［M］．北京：中国电力出版社，2008.

[18] 周德贵，巩北宁．同步发电机运行技术与实践［M］．北京：中国电力出版社，2001.

[19] 李永刚，李和明．发电机转子匝间短路故障特性分析与识别［M］．北京：中国电力出版社，2009.

[20] 汤广福．基于电压源换流器的高压直流输电技术［M］．北京：中国电力出版社，2009.

[21] 宋志明，李洪战．电气设备与运行［M］．北京：中国电力出版社，2008.